教育部中等职业教育"十二五"国家规划立项教材

中等职业教育服装设计与工艺专业系列教材

服装结构制图

第二版

主　编　李文东

副主编　徐吉财

参　编　陈　军　叶晓萍　向　辉

　　　　税国敏　王华琴　袁淑军

　　　　潘红宇　何　巍

FUZHUANG
JIEGOU ZHITU

重庆大学出版社

图书在版编目（CIP）数据

服装结构制图/李文东主编. --2版. --重庆：
重庆大学出版社，2023.5（2024.8重印）
中等职业教育服装设计与工艺专业系列教材
ISBN 978-7-5624-9503-1

Ⅰ.①服… Ⅱ.①李… Ⅲ.①服装结构—制图—职
业高中—教材 Ⅳ.①TS941.2

中国版本图书馆CIP数据核字（2020）第118530号

中等职业教育服装设计与工艺专业系列教材

服装结构制图

第二版
主　编　李文东
副主编　徐吉财
责任编辑：章　可　　版式设计：蹇　佳
责任校对：王　倩　　责任印制：赵　晟

重庆大学出版社出版发行
出版人：陈晓阳
社址：重庆市沙坪坝区大学城西路21号
邮编：401331
电话：（023）88617190　88617185（中小学）
传真：（023）88617186　88617166
网址：http://www.cqup.com.cn
邮箱：fxk@cqup.com.cn（营销中心）
全国新华书店经销
印刷：重庆正文印务有限公司

开本：787mm×1092mm　1/16　印张：7.5　字数：187千
2017年8月第1版　2023年5月第2版　2024年8月第5次印刷
ISBN 978-7-5624-9503-1　定价：30.00元

编写合作企业

重庆雅戈尔服装有限公司

重庆校园精灵服饰有限公司

金夫人婚纱摄影集团

重庆段氏服饰实业有限公司

重庆名瑞服饰集团有限公司

重庆蓝岭服饰有限公司

重庆锡霸服饰有限公司

重庆金考拉服装有限公司

重庆热风服饰有限公司

重庆索派尔服装企业策划有限公司

重庆圣哲希服饰有限公司

广州溢达制衣有限公司

重庆红枫庭名品服饰有限公司

出版说明

2010年《国家中长期教育改革和发展规划纲要（2010—2020年）》正式颁布，《纲要》对职业教育提出："把提高质量作为重点，以服务为宗旨，以就业为导向，推进教育教学改革。"为了贯彻落实《纲要》的精神，2012年3月，教育部印发了《关于开展中等职业教育专业技能课教材选题立项工作的通知》（教职成司函[2012]35号）。根据通知精神，重庆大学出版社高度重视，认真组织申报工作。同年6月，教育部职业教育与成人教育司发函（教职成司函〔2012〕95号）批准重庆大学出版社立项建设"中等职业教育服装设计与工艺专业系列教材"，立项教材经教育部审定后列为中等职业教育"十二五"国家规划教材。选题获批立项后，作为国家一级出版社和职业教材出版基地的重庆大学出版社积极协调，统筹安排，联系职业院校服装设计类专业教学指导委员会，听取高校相关专家对学科体系建设的意见，了解行业的需求，从而确定系列教材的编写指导思想、整体框架、编写模式，组建编写队伍，确定主编人选，讨论编写大纲，确定编写进度，特别是邀请企业人员参与本套教材的策划、写作、审稿工作。同时，对书稿的编写质量进行把控，在编辑、排版、校对、印刷上认真对待，投入大量精力，扎实有序地推进各项工作。

职业教育已成为我国教育中一个重要的组成部分。为了深入贯彻党的十八大和十八届三中、四中全会精神，贯彻落实全国职业教育工作会议精神和《国务院关于加快发展现代职业教育的决定》，促进职业教育专业教学科学化、标准化、规范化，建立健全职业教育质量保障体系，教育部组织制定了《中等职业学校专业教学标准（试行）》，这对于探索职业教育的规律和特点，创新职业教育教学模式，规范课程、教材体系，推进课程改革和教材建设，具有重要的指导作用和深远的意义。本套教材就是在《纲要》指导下，以《中等职业教育服装设计与工艺专业课程标准》为依据，遵循"拓宽基础、突出实用、注重发展"的编写原则进行编写，具有如下特点：

（1）理论与实践相结合。本套书总体上按"基础篇""训练篇""实践篇""鉴赏篇"进行编写，每个篇目由几个学习任务组成，通过综述、培养目标、学习重点、学习评价、扩展练习、知识链接、友情提示等模块，明确学习目的，丰富教学的传达途径，突出了理论知识够用为度，注重学生技能培养的中职教学理念。

（2）充分体现以学生为本。针对目前中职学生学习的实际情况，注意语言表达的通俗性，版面设计的可读性，以学习任务方式组织教材内容，突出学生对知识和技能学习的主体性。

（3）与行业需求相一致。教学内容的安排、教学案例的选取与行业应用相吻合，使所学知识和技能与行业需要紧密结合。

(4) 强调教学的互动性。通过"友情提示""试一试""想一想""拓展练习"等栏目，把教与学有机结合起来，增加学生的学习兴趣，培养学生的自学能力和创新意识。

(5) 重视教材内容的"精、用、新"。在教材内容的选择上，做到"精选、实用、新颖"，特别注意反映新知识、新技术、新水平、新趋势，以此拓展学生的知识视野，提高学生美术设计艺术能力，培养前瞻意识。

(6) 装帧设计和版式排列上新颖、活泼，色彩搭配上清新、明丽，符合中职学生的审美趣味。

本套教材实用性和操作性较强，能满足中等职业学校服装设计与工艺专业人才培养目标的要求。我们相信此套立项教材的出版会对中职服装设计与工艺专业的教学和改革产生积极的影响，也诚恳地希望行业专家、各校师生和广大读者多提改进意见，以便我们在今后不断修订完善。

重庆大学出版社

2015年7月

前 言

为适应我国社会进步和经济发展以及中等职业教育的教学模式、教学方法不断改革的需要,本书在遵循教育部最新颁布的课程标准的基础上秉承中职教材"基础部分讲清楚,够用为度;重在实践操作,制图说明详细、严密、规范;具有一定前瞻性"的原则与定位,主要突出以下特点:

1.在编写方法上打破了以往教材过于注重"系统性"的倾向,对服装结构的编写模式,强调实践性,突出实用技能,内容体系更加合理。

2.注重服装工业的现实与发展以及岗位需求,结合服装工业生产方式,以培养职业岗位群的综合能力为目标,强化技术与设备的应用,有针对性地培养学生较强的职业技能。

3.教材内容的设置有利于学习者的自主学习,着力于培养和提高学习者的综合运用能力。

4.教材内容充分反映新技术、新知识、新工艺和新方法,具有较强的实用性。

参加本教材编写的教师不仅具有丰富的教学经验,而且有着丰富的服装工业生产的实际经验和较强的专业动手示范能力,使得本教材在编写指导思想、编写内容和编写方法上具有新意,并突出中等职业教育的特点,满足中职学生的学习和就业的需要。

本书共分基础篇和实践篇,内容包括服装与人体、服装制图基础知识、服装原理、服装原型、女裙结构制图、裤装结构制图、衬衫结构制图、连衣裙、旗袍结构制图等。在总体上体现了中职教学改革的特点,突出理论知识的应用和实践能力的培养,以"必需、够用"为度,以"应用"为目的,加强实用性。同时,编者结合中职的现状和自己多年的教学经验,内容安排深入浅出,语言叙述通俗易懂,便于教师教学和学生自学。

本书由李文东主编,徐吉财任副主编。其余作者分别为陈军、王华琴、税国敏、叶晓萍、袁淑军、向辉、潘红宇、何巍。

由于编者水平有限,书中难免有不足之处,恳请大家提出宝贵意见,以便修改。

编 者

2023年3月

目　录

[综　　述]

服装结构就像一座桥梁,在服装设计和服装成品之间起着承上启下的连接作用。中等职业学校服装设计与工艺专业的学生必须掌握各种款式服装制图的方法。

学习服装结构首先要了解人体的外形与结构、人体外形与服装结构的关系、人体测量的部位与方法,只有对人体有清楚的认识才能制作出穿着合身的衣服。本篇介绍了服装制图的标准、术语及符号名称、制图工具的名称及用途;还介绍了服装分类及结构特点,服装结构制图的方法及制图顺序,服装部件的结构及变化,省、裥构成原理及变化等知识。

通过对本篇知识的学习,学生能对服装结构制图的知识体系有一个完整、清晰的认识,为实践篇的画图打下基础。

[培养目标]

①了解服装与人体的关系。

②掌握人体测量的部位与方法以及制图的标准、术语、符号。

③掌握省、裥的构成及变化、原型制图。

[学习手段]

采用直观教学手段,观看视频和PPT。

学习任务一
服装与人体

[学习目标] 了解人体外形与结构、人体外形与服装结构的关系；掌握人体测量的部位与方法、成品服装的放松量。

[学习重点] 了解服装与人体的关系，掌握人体测量的部位与方法及成品服装的放松量。

[学习课时] 6课时。

一、人体外形与结构

服装因人体而产生，人体是服装造型的依据。人体结构的点、线、面是确定服装结构制图中的点、线、面的依据。

1.人体比例

人体比例以头为单位。正常成年男性约为7个半头高，成年女性约为7个头高。不同年龄阶段的人的人体比例分别为1~2岁4个头高；5~6岁5个头高；14~15岁6个头高；16岁接近成年人；25岁到达成年人的身高，如图1-1所示。

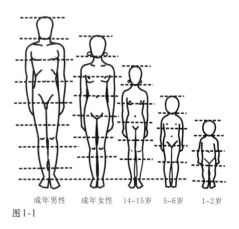

成年男性　成年女性　14~15岁　5~6岁　1~2岁
图1-1

2.人体结构

1) 人体结构的点（见图1-2、图1-3）

（1）颈窝点：位于人体前中央颈、胸交界处。它是测量人体的胸长的起始点，也是服装领窝点定位的参考依据。

（2）颈椎点：位于人体后中央颈、背交界处（即第七颈椎骨）。它是测量人体背长及上体长的起始点，也是测量服装后衣长的起始点及服装领椎点定位的参考依据。

（3）颈肩点：位于人体颈部侧中央与肩部中央的交界处。它是测量人体前、后腰节长的起始点，也是测量服装前衣长的起始点及服装领肩点定位的参考依据。

（4）肩端点：位于人体肩关节峰点处。它是测量人体总肩宽的基准点，也是测量臂长或服装袖长的起始点及服装袖肩点定位的参考依据。

（5）胸高点：位于人体胸部左右两边的最高处。它是确定女装胸省省尖方向的参考点。

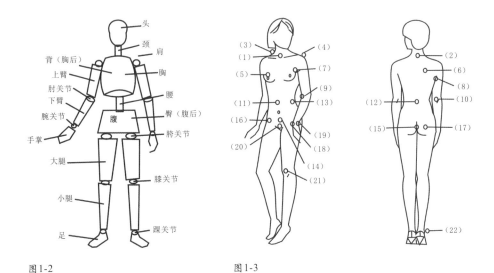

图1-2 图1-3

(6) 背高点：位于人体背部左右两边的最高处。它是确定女装后肩省省尖方向的参考点。

(7) 前腋点：位于人体前身的臂与胸交界处。它是测量人体胸宽的基准点。

(8) 后腋点：位于人体后身的臂与背的交界处。它是测量人体背宽的基准点。

(9) 前肘点：位于人体上肢肘关节前端处。它是服装前袖弯线凹势的参考点。

(10) 后肘点：位于人体上肢肘关节后端处。它是确定服装后袖弯线凸势及袖肘省省尖方向的参考点。

(11) 前腰中点：位于人体前腰部正中央处。它是前左腰与前右腰的分界点。

(12) 后腰中点：位于人体后腰部正中央处。它是后左腰与后右腰的分界点。

(13) 腰侧点：位于人体侧腰部正中央处。它是前腰与后腰的分界点，也是测量服装裤长或裙长的起始点。

(14) 前臀中点：位于人体前臀正中央处。它是前左臀与前右臀的分界点。

(15) 后臀中点：位于人体后臀正中央处。它是后左臀与后右臀的分界点。

(16) 臀侧点：位于人体侧臀正中央处。它是前臀和后臀的分界点。

(17) 臀高点：位于人体后臀左右两侧最高处。它是确定服装臀省省尖方向的参考点（或区域）。

(18) 前手腕点：位于人体手腕部的前端处。它是测量服装袖口大小的基准点。

(19) 后手腕点：位于人体手腕部的后端处。它是测量人体臂长的终止点。

(20) 会阴点：位于人体两腿交界处。它是测量人体下肢及腿长的起始点。

(21) 髌骨点：位于人体膝盖关节的外端处。它是确定服装衣长的参考点。

(22) 踝骨点：位于人体脚腕部外侧中央处。它是测量人体腿长的终止点，也是确定服装裤长的参考点。

2）人体结构的线

根据人体体表的起伏分界及人体对称性等基本特征，可对人体外表设置以下21条人体基准线（见图1-4）。

(1) 颈围线：颈部围圆线，前经喉结下口2 cm处，后经颈椎点。它是测量人体颈围长度的基准线，也是服装领口定位的参考依据。

（2）颈根围线：颈根底部围圆线，前经颈窝点，侧经颈肩点，后经颈椎点。它是测量人体颈根围长度的基准线，也是服装领圈线定位的参考依据，又是服装中衣身与衣领分界的参考依据。

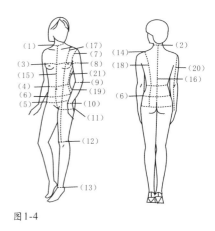

图1-4

（3）胸围线：前经胸高点的胸部水平围圆线。它是测量人体胸围长度的基准线，也是服装胸围线定位的参考依据。

（4）腰围线：腰部最细处的水平围圆线，前经前腰中点，侧经腰侧点，后经后腰中点。它是测量人体腰围长度的基准线及前、后腰节的终止线，也是服装腰围线定位的参考依据。

（5）臀围线：臀部最丰满处的水平围圆线，前经前臀中点，侧经臀侧点，后经后臀中点。它是测量人体臀围长度及臀长的基准线，也是服装臀围线定位的参考依据。

（6）中臀围线：腰至臀平分部位的水平围圆线。它是测量人体中臀围长度的基准线。

（7）臂根围线：臂根底部的围圆线，前经前腋点，后经后腋点，上经肩端点。它是测量人体臂根围长度的基准线，也是服装中衣身与衣袖分界及服装袖笼线定位的参考依据。

（8）臂围线：腋点下上臂最丰满部位的水平围圆线。它是测量人体臂长围度的基准线，也是服装袖围线定位的参考依据。

（9）肘围线：经前、后肘点的上肢肘部水平围圆线。它是测量上臂长度的终止线，也是服装袖肘线定位的参考依据。

（10）手腕围线：经前、后手腕点的手腕部位水平围圆线。它是测量人体手腕围长度的基准线及臂长的终止线，也是服装长袖袖口线定位的参考依据。

（11）腿围线：会阴点下大腿最丰满的水平围圆线。它是测量人体腿围长度的基准线，也是服装横裆线定位的参考依据。

（12）膝围线：经髌骨点的下肢膝部水平围圆线。它是测量人体腿部长度的终止线，也是服装中裆线定位的参考依据。

（13）脚腕围线：经最细处的脚腕部水平围圆线。它是测量脚腕围长度的基准线及腿长的参考线，也是服装长裤脚口定位的参考依据。

（14）肩中线：由颈肩点至肩端点的肩部中央线。它是人体前、后肩的分界线，也是服装前、后衣身上部分界及服装肩缝线定位的参考依据。

（15）前中心线：由颈窝点经前腰中点，前臀中点至会阴点的前身对称线。它是人体左后胸、前左腰、左后腹的分界线，也是服装前左右衣身（或裤身）分界及服装前中线定位的参考依据。

（16）后中心线：由颈椎点经后腰中点，后臀中点顺直而下的后身对称线。它是人体左右背、后左右腰、后左右臀分界线，也是服装后左右衣身（或裤身）分界及服装背中线定位的参考依据。

（17）胸高纵线：通过胸高点、髌骨点的人体前纵向顺直线。它是服装结构中一条重要的参考线，也是服装前公主线定位的参考依据。

（18）背高纵线：通过背高点、臀高点的人体后纵向顺直线。它是服装结构中一条重要的参考线，也是服装后公主线定位的参考依据。

(19) 前肘弯线：由前腋点经前肘点至前手腕点的手臂前纵向顺直线。它是服装前袖弯线定位的参考依据。

(20) 后肘弯线：由后腋点经后肘点至后手腕点的手臂后纵向顺直线。它是服装后袖弯线定位的参考依据。

(21) 侧线：通过腰侧点、臀侧点、踝骨点的人体侧身中央线。它是人体胸、腰、臀及腿部前、后的分界线，也是服装前、后衣身（或裤身）分界及服装摆缝线（或侧缝）定位的参考依据。

3）人体结构的面

人体结构的面分为球面和双曲面（见图1-5）。

(1) 球面：在图1-5中用"○"标示。①胸部，②肩胛部，③腹部，④后臀部，⑤肩端部，⑥后肘部，⑦前膝部，⑧后臀部。

(2) 双曲面：在图1-5中用"□"标示。a.颈根部，b.前肩部，c.腰部，d.臂根底部，e.前肘部，f.腿根底部，g.后膝部，h.臀沟部。

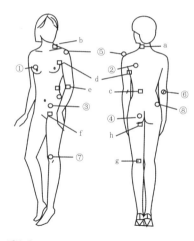

图1-5

简述人体结构的点、线、面。

二、人体外形与服装结构的关系

1.颈部与衣领的关系

人体颈部呈上细下粗不规则的圆台状，上部与头部相连。从侧面观察，颈部向前呈倾斜状，下端的截面近似桃形，领口位于颈长的下1/3处，如图1-6所示。

男性——颈部较粗，喉结位置偏低且外观明显。

女性——颈部较细，喉结位置偏高且平坦，不显露。

老年人——颈部脂肪少，皮肤松弛。

幼儿——颈部细而短，喉结发育不完全，不见于外表。

所以上述的外形特征及其差异，反映在服装结构上，主要表现在以下两个方面：

①领的造型基本上是后领脚宽，前领脚窄，上衣前后领的弧线弯曲度一般是后平前弯。

②由于颈部上细下粗（颈围与颈根围度不同），因此，衣领的规格是上领小，下领大（立领、装领脚衣领表现尤为显著），如图1-7所示。

图1-6

图1-7

2.肩部

男性——一般肩阔而平，肩头略前倾，整个肩膀俯瞰呈弓形状，肩部前中央表面呈双曲面状。

女性——一般比男性肩狭而斜，肩头前倾度、肩膀弓形状及肩部前中央的双曲面状均较男性显著，如图1-8所示。

老年人——一般较青年肩薄而斜，肩头前倾度、肩膀弓形状及肩部双曲面弯曲度均较青年显著。

幼儿——一般肩狭而薄，肩头前斜度、肩膀弓形状及肩部双曲面状均明显弱于成年人。

图1-8

上述的外形特征及其差异反映在服装结构上，主要表现在以下7个方面：

①肩头的前倾使得一般上衣的前肩缝线略斜于后肩缝线。

②肩膀的弓形状使得上衣后肩缝线略长于前肩缝线，前肩缝线外凸，后肩缝线内凹且后肩阔于前肩。

③肩部前中央的双曲面状决定了合体服装的前肩缝线区域必须适量拔开，后肩缝线区域必须适量归拢。

④女肩窄于男肩，使得相同条件下的女装肩宽小于男装肩宽。

⑤女肩斜于男肩，决定了在相同条件下，女装前、后肩缝线的平均斜度要大于男装。

⑥女肩头的前倾度大于男肩头，决定了女装前、后肩斜度差大于男装。

⑦女肩部前中央的双曲面状更为显著，决定了相同条件下，女装前、后肩缝线区域的归拔程度大于男装；此外，也决定了女装前肩省上段略带内弧形。

3.胸背部

男性——整个胸部呈球面状，背部有肩胛骨微微隆起，后腰节长大于前腰节长（简称腰节差），如图1-9所示。

女性——由于乳峰的高高隆起，使得胸部呈圆锥面状，背部肩胛骨突起较男性显著，前后腰节差明显小于男性，如图1-10所示。

图1-9　　　图1-10

老年人——一般胸部较青年平担，肩胛骨的隆起更显著，另外，由于脊椎曲度的增大，使驼背体型较为常见。

幼儿——一般胸部的球面状程度与成年人相仿，但肩胛骨的隆起却明显弱于成年人，背部平直略带后倾成为幼儿体型的一个显著特征。

上述的外形特征及其差异，反应在服装结构上，主要表现在以下5个方面：

①胸部的球面状，产生了上装的胸劈门，使得上装中通过胸部的分割线边缘部位往往留有劈势。

②女性的乳峰形状特征决定了胸省、胸裥等女装结构的特有形式，如图1-11所示。

③腰节差的存在决定了男装的后腰节长总大于前腰节长；由于男女体腰节差的区别，又使得女装的腰节差不如男装那样显著。

④肩胛骨的隆起产生了上装的后肩省、背裥及通过该部周围的分割线边缘需留有劈势等一系列结构处理方法，也决定了后肩缝线后袖隆线上段处允许归拢，如图1-12所示。

⑤幼儿的背部平直且略有后倾，使得童装的后腰节长只要等于甚至小于前腰节长即可。

4.腰部

男性——腰节较长，腰凹陷明显，侧腰部呈双曲面状。

女性——腰节较短，腰部凹陷胜于男性，侧腰部的双曲面状更为显著。

老年人——腰部的凹陷程度及侧腰的双曲面状较青年人要明显减弱，甚至形成胸腰围同样大小。

幼儿——腹部呈球面状突起，致使腰节不显，凹陷模糊。

上述的外形特征及其差异，反映在服装结构上，主要表现在以下4个方面：

①腰节的男低女高，使得同样裤长的女裤直裆长于男裤直裆。

②腰部的明显凹陷产生曲腰身结构的服装；男女腰部凹陷的区别又决定了相同情况下，女装的吸腰量往往大于男装的吸腰量，如图1-11、图1-12所示。

③侧腰的双曲面状决定了曲腰身服装的摆缝线腰节处必须拨开或拉伸。

④老年人和幼儿的胸腰围相近，使得他们的服装以直腰身结构较为多见，即使是曲腰身的，其胸腰差也是相当小的，如图1-13所示。

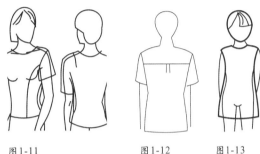

图1-11　　　　　图1-12　　　图1-13

5.臀部和腹部

男性——臀窄且小于肩宽，后臀外凸较明显，呈一定的球面状，臀腰围差值较小，腹部微凸。

女性——臀宽且大于肩宽，后臀外凸更明显，呈一定的球面状，臀腰围差值大于男性，腹部较男性浑圆。

老年人——男性老年的后臀部外形基本与青年相仿；女性老年的后臀部则显得宽大圆浑，略有下垂，与青年相比，老年的臀腰围差明显减小。

幼儿——臀窄且外凸不明显，臀腰围差几乎不存在。

上述外形特征及差异反映在服装结构上，主要表现在以下5个方面：

①臀部的外凸使得西裤的后裆宽总大于前裆宽，后半臀大于前半臀，如图1-14所示。

②臀部呈球面状决定了西裤后侧缝线上段处必须归拢，通过臀部的分割线边部位必须留有劈势。此外，它也是西裤后臀收省的一个重要原因。

③臀腰围差的存在是产生西裤前褶和后省的一个主要原因，如图1-15所示。

④女性臀部的丰满使得女裤后省往往大于男裤后省。

⑤幼儿不存在臀腰围差使得幼童裤的腰部一般不收省打褶，而都以收橡筋或装背带为主。

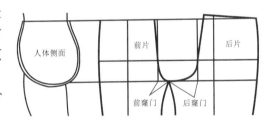

图1-14

6.上肢

上肢由上臂、下臂和手3个部分组成，上肢的肩关节、肘关节、腕关节使手臂能够旋转和屈伸。

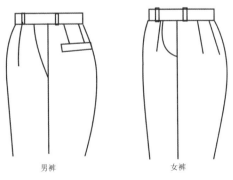

男裤　　　　　女裤

图1-15

男性——手臂较粗、较长,手掌较宽大。

女性——手臂较细,较男性短,手掌较男性窄小。

老年人——手臂基本上与年轻时差别不大,但关节肌肉萎缩。

幼儿——手臂较短,手掌较小。

上述外形特征及差异反映在服装结构上,主要表现在以下4个方面:

①袖片后袖弯线外凸,前袖弯线内凹,一片袖收肘省,如图1-16所示。

②肩端部、肩胛骨的突起形成了袖山弧线前后不对称。

③手的大小决定袋口的宽窄。

④手的长短决定袋位的高低。

试一试

概括地写出人体外形与服装结构的关系。

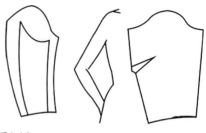

图1-16

7.下肢

下肢是全身的支柱,由大腿、小腿和足组成。下肢有胯关节、膝关节、踝关节,使下肢能够蹲、坐和行走。

男性——膝部较窄,凹凸明显,两大腿合并的内侧可见间隙。

女性——膝部较宽大,凹凸不明显,大腿脂肪发达,两大腿合并的内侧间隙不明显。

老年人——关节肌肉萎缩,下肢较青年时短。

幼儿——关节部分外表浑圆,起伏不明显。

下肢的结构对裤子的形状产生直接影响。由于脚面骨的隆起和脚跟骨的直立与倾斜,所以前裤脚口略上翘,后裤脚口略下垂,如图1-17、图1-18所示。

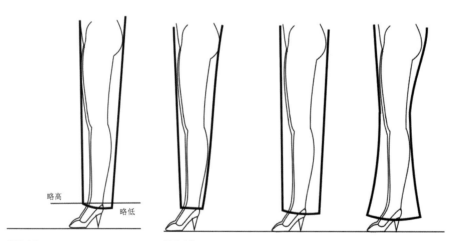

略高   略低

图1-17   图1-18

三、人体测量的部位与方法

1.测体工具(常用工具)

(1) 软尺：测体的主要工具，要求质地柔韧，刻度清晰，稳定不胀缩。

(2) 纸和笔：记录被测者的特殊体征的部位和尺寸规格。

(3) 腰节带：围绕在腰节最细处，测量腰节所用的工具(可用软尺或绳代替)。

2.测体方法

测体可分为男体测量、女体测量、童体测量3种方法。

3.测量体部位

①身高：由头骨顶点量至脚跟，如图1-19所示。

②衣长：前衣长由右颈肩点通过胸部最高点，向下量至衣服所需长度；后衣长由后领圈中点向下量至衣服所需长度，如图1-20所示。

③胸围：腋下通过胸围丰满处，水平围量一周，如图1-21所示。

④腰围：腰部最细处，水平围量一周，如图1-22所示。

⑤颈围：颈中最细处，水平围量一周，如图1-23所示。

⑥总肩宽：从后背左肩骨外端点，量至右肩骨外端点，如图1-24所示。

⑦袖长：肩骨外端向下量至所需长度，如图1-25所示。

⑧腰节长：前腰节长由右颈肩点通过胸部最高点量至腰部最细处；后腰节长由后中点通过背部最高点量至腰部最细处，如图1-26所示。

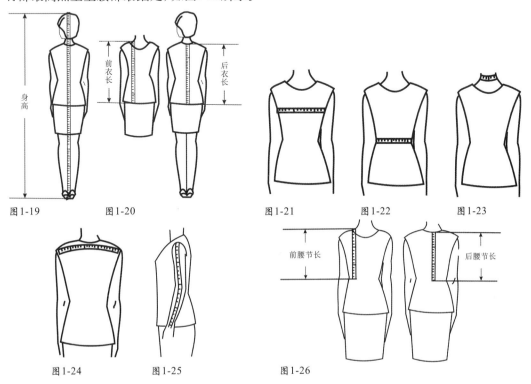

图1-19　　　　图1-20　　　　　　图1-21　　　　图1-22　　　　图1-23

图1-24　　　　图1-25　　　　　图1-26

⑨臀围：臀部最丰满处,水平量一周,如图1-27所示。

⑩裤长：由腰的侧部髋骨处向上3 cm起,男裤垂直量至外踝骨下3 cm或离地面3 cm左右或按需要长度；女裤略短于男裤,如图1-28所示。

⑪胸高：由右颈肩点量至乳峰点,如图1-29所示。

⑫乳距：两乳峰间的距离,如图1-30所示。

⑬上裆长：人体端坐在凳子上,由腰的侧部髋骨处向上3 cm量至凳面的距离,如图1-31所示。

⑭头围：从额头起,通过耳朵上部以及后脑部凸出部位围量一周,如图1-32所示。

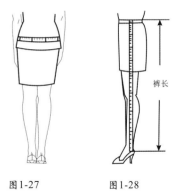

图1-27　　　　图1-28

4.测体注意事项

要求被测者姿态自然端正,双臂下垂,呼吸正常,不能低头,不能挺胸等,以免影响所量尺寸的准确程度。

测量时软尺不宜过松,保持横平竖直,一般以能垫入一个手指为宜。

测体时要站在被测者左侧,按顺序进行。一般从前到后,由左向右,自上而下按部位顺序进行,以免漏测或重复测量。

测量跨季节服装时,要根据不同款式、穿着者的习惯要求,注意对测量规格有所变化。

做好每一测量部位的规格记录,注明必要的说明或简单画上服装式样,注明体型特征和要求等。

5.对测量要点的说明

所谓测量要点,是指常规的测量方法和步骤以外尚需注意的各点,具体地说有以下几个方面:

①按穿着对象。对同一个穿着对象来说,其西服的袖长要比中山服短,因西服的穿着要求是袖口处要露出1/2衬衫袖头。

②按衣片结构特点。夹克衫的袖长要比一般款式长,因为一片袖的结构特点使外袖弯线没有多大弯势。

③按款式特点。装垫肩的衣袖比不装垫肩的衣袖长,袖口收细的衣袖要比不收细褶的长袖长,细褶量多的衣袖要比细褶量少的衣袖长。

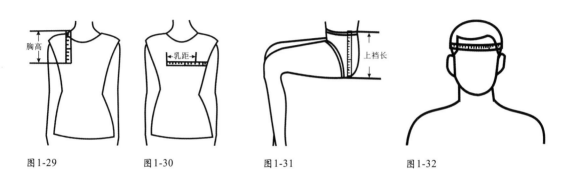

图1-29　　　　　图1-30　　　　　图1-31　　　　　图1-32

④按造型特点。紧身型与宽松型的放松量要有区别，曲线型比直线型的放松量要小些。

⑤按穿着层次因素。面料厚的衣服的长度要略长。

⑥按流行倾向因素。如裙长的变化，宽松型服装的放松量增大，肩宽加宽等。

人体测量的工具及测量的部位有哪些？

四、成品服装的放松量

人体是运动的，运动是复杂多样的，人体测量取得服装规格是净体规格，所以必须在量体所得数据(净体规格)的基础上，根据服装品种、式样和穿着用途，加放一定的放松量。

各种常用服装的放松量如表1-1所示。

表1-1   单位：cm

服装名称	一般应放宽规格				备注
	领围	胸围	腰围	臀围	
男衬衫	2～3	15～25			
男布夹克衫	4～5	20～30			春秋季穿着：内可穿一件羊毛衫
男布中山装	4～5	20～22			春秋季穿着：内可穿一件羊毛衫
男呢春秋衫	5～6	16～25			春秋季穿着：内可穿一件羊毛衫
风衣	6	24			春秋季穿着：内可穿一件羊毛衫
男呢西装	4～5	18～22			春秋季穿着：内可穿一件羊毛衫
男呢大衣		25～30			冬季穿着：内可穿两件羊毛衫
男裤			2～3	8～12	内可穿一条衬裤
女衬衫	2～2.5	10～16			
女连衣裙	2～2.5	6～9			
女布两用衫	3～3.5	12～18			春秋季穿着：内可穿一件羊毛衫
风衣	5	16			春秋季穿着：内可穿一件羊毛衫
女呢两用衫	3～4	12～16			春秋季穿着：内可穿一件羊毛衫
女呢西服	3～4	12～16			春秋季穿着：内可穿一件羊毛衫
女呢短大衣		20～25			冬季穿着：内可穿两件羊毛衫
女裤			1～2	7～10	内可穿一条衬裤
女裙			1～2	4～6	内可穿一条衬裤

学习评价

学习要点	我的评分	小组评分	老师评分
记住了人体外形与服装结构的关系(60分)			
能准确进行人体部位的测量(20分)			
会加放成品服装的放松量(20分)			
总　分			

学习任务二
服装制图基础知识

[学习目标] 了解服装制图的方法与标准,掌握服装制图的术语、服装制图符号与服装制图
工具的运用;加深对服装制图的理解,掌握正确的制图方法,正确地使用制图工
具,养成严谨的制图习惯。

[学习重点] 了解服装制图方法,区别各种制图方法的不同之处,掌握制图工具和各种
符号的用途。

[学习课时] 6课时。

一、服装制图的方法

服装结构制图是服装裁剪的首道工序,服装裁剪概括起来可分为立体裁剪和平面裁剪。平面裁剪在我国应用时间最长,可分为实量制图法、胸度法和比例分配制图法。而尤以比例分配制图法应用最广泛,近几年引入的原型制图法、基型制图法也是在此基础上发展起来的平面制图方法。

1.比例分配制图法

比例分配制图法是采用以分子为基数的制图法,是以主要围度尺寸按照比例关系,推导其他部位尺寸的制图方法。如六分法,即以胸围的1/6作为衡量各有关部位的基数,如胸宽为1/6胸围−1.5 cm。至于五分法、十分法只是采用的基数不同而已。

2.原型制图法

原型制图法是来源于日本的制图方法。所谓"原型",是以人体的净样数值为依据,加上固定的放松量,经比例分配法计算绘制而成的近似人体表面的平面展开图,然后以此为基础进行各种服装的款式变化。

3.基型制图法

基型制图法是指在借鉴原型制图法的基础上进行适当修正充实后提炼而成的方法。

基型制图法和原型制图法都以平面展开图作为各种服装款式变化的基本图形,然后根据款式规格的要求在图上有关部位采用调整、增删、移位、补充等手段画出各种款式的服装平面结构图,这是两种方法的相同之处。它们的不同之处在于,原型制图法的基本图形主要是在人体净体尺寸的基础上加上固定的放松量为基数推算绘制得到的,而各围度的放松量待定;基型制

图法主要是由服装成品规格中的尺寸推算绘制得到的，各围度的放松量不必再加放。因此，同样在基本图形上出样，原型制图法必须考虑到各围度的松量和款式差异两个因素，而基型制图法只要考虑款式差异即可。

在选择制图方法时，要考虑习惯和制图方便。现代社会，服装逐步走向国际化，款式趋向时装化、个性化，结构设计的方法也不再单一化，更多体现的是制图方法的综合应用。

二、服装制图的标准

服装结构制图中的制图比例、字体大小、尺寸标注、图纸布局、计量单位等必须符合统一的标准，才能使制图规范化。

1.制图比例

服装结构制图比例是指制图时图形的尺寸与服装部件的实际大小的尺寸之比。在服装结构制图中，大部分采用的是缩比，即将服装部件的实际尺寸按一定比例缩小后制作在图纸上。等比也采用得较多，等比是将服装部件的实际尺寸按原样大小制作在图纸上。有时为了强调说明服装的某些部位，也采用倍比的方法，即将服装零部件按实际大小放大若干倍后制作在图纸上，这种方法一般仅限于绘制某些零部件。在同一图纸上，应采用相同的比例，并将比例填写在标题栏内，如需采用不同的比例时，必须在每一零部件的左上角标明比例。

服装款式图的比例，不受以上规定限制。因为款式图只用以说明服装的外形及款式，不表示服装的尺寸。

服装常用制图比例，如表2-1所示。

表2-1

等比	与实物相同	1:1
缩比	按实物缩小	1:2,1:3,1:4,1:5,1:6,1:10
倍比	按实物放大	2:1,3:1,4:1

2.字体

图纸中的汉字、数字、字母等都必须做到字体端正、笔画清楚、排列整齐、间隔均匀。

3.尺寸标注

服装结构制图的图样仅是用来反映服装衣片的外形轮廓和形状的。服装衣片的实际大小

? 想一想

原型制图法和基型制图法的相同与不同之处。

～ 试一试

用立体裁剪的原理，在人台上进行裙的结构造型。

··· 知识链接

立体裁剪法

立体裁剪是服装结构的一种造型手法，是一种模拟人体穿着状态的裁剪方法，可以直接感知成衣的穿着形态、特征及松量等，是最简便、最直接地观察人体体型与服装构成关系的裁剪方法。其方法是选用与面料特性相接近的试样布，直接将其披挂在人体模型上进行裁剪与设计，故有"软雕塑"之称，具有艺术与技术的双重特性。在操作过程中，可以边设计、边裁剪、边改进，随时观察效果、随时纠正问题。这样就能解决平面裁剪中许多难以解决的造型问题。例如：在礼服的设计和时装制作中，出现不对称、多皱褶及不同面料组合的复杂造型，如果采用平面裁剪方法是难以实现的，而用立体裁剪就可以很容易地塑造出来。

则是根据图样上所标注的尺寸确定的。因此，图样上的尺寸标注是很重要的，它关系到服装的裁片尺寸，服装成品的实际大小。服装结构制图的尺寸标注应按规定的要求进行，在标注尺寸时要做到准确、规范、完整、清晰。

服装各部位和零部件的实际大小以图上所标注的尺寸数值为准。图纸中（包括技术要求和其他说明）的尺寸，一律以厘米（cm）为单位。服装结构制图部位、部件的尺寸，一般只标注一次，并应标注在该结构最清晰的位置上（见图2-1）。尺寸线用细实线绘制，其两端箭头应指到尺寸界线，尺寸数字一般应标在尺寸线的中间，如距离位置小，需用细实线引出，使之形成一个三角形，尺寸数字就标在三角形的附近（见图2-2）。

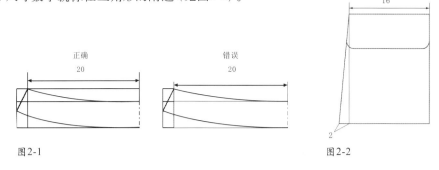

图2-1   图2-2

4.图纸布局

图纸标题栏位置应在图纸的右下角，服装款式图的位置应在标题栏的上面，服装部件和零部件的制图位置应在服装款式图的左边。标题栏应包括产品名称、图纸代号、服装号型、成品规格、制图比例及单位、制图日期等，如图2-3所示。

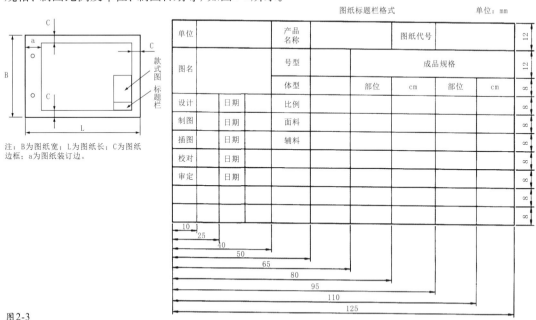

注：B为图纸宽；L为图纸长；C为图纸边框；a为图纸装订边。

图2-3

❓ **想一想**

服装制图的标准包括哪些内容?

服装结构制图常用计量单位

计算单位	换算公式	计量对照
公制	换市制:厘米×3 (换英制:厘米÷2.54)	1米=3尺≈39.37英寸 1分米=3寸≈3.93英寸 1厘米=3分≈0.39英寸
市制	换公制:寸÷3 (换英制:寸÷0.762)	1尺≈3.33分米≈13.12英寸 1寸≈3.33厘米≈1.31英寸 1分≈3.33毫米
英制	换公制:英寸×2.54 换市制:英寸×0.762	1码≈91.44厘米≈27.43寸 1英尺≈30.48厘米≈9.14寸 1英寸≈2.54厘米≈0.76寸

三、服装制图的术语及符号名称

服装结构制图中,不同的线条有不同的表现形式,其表现形式称之为服装结构制图的图线。此外,还需用不同的符号在图中表达不同的含意。服装结构制图的图线与符号在制图中起规范图纸的作用。

1.服装结构制图图线

服装结构制图图线形式、规定及用途,如表2-2所示。

〜 试一试

用A4纸画一张服装制图的图纸布局。

表2-2

序号	图线名称	图线形式	图线宽度	图线用途
1	粗实线	——————————	0.9 mm	①服装和零部件轮廓线 ②部位轮廓线
2	细实线	——————————	0.3 mm	①图样结构的基本线 ②尺寸线和尺寸界线 ③引出线
3	虚线	- - - - - - - - -	0.3 mm	叠面下层轮廓影示线
4	点划线	—·—·—·—·—·—	0.9 mm	对折线(对称部位)
5	双点划线	—··—··—··—··	0.3～0.9 mm	折转线(不对称部位)

同一图纸中同类图线的宽度应一致。虚线、点划线及双点划线的线段长短和间隔应各自相同，其首尾两端应是线段而不是点。

2.服装结构制图代号

服装结构制图中的某些部位、线条、点等，为使用便利和规范起见，使用其英语单词的第一个字母为代号来代替相应的中文线条、部位及点的名称。如表2-3所示为常用的服装结构制图代号。

表2-3

序号	部位（中文）	部位（英文）	代号	序号	部位（中文）	部位（英文）	代号
1	胸围	Bust girth	B	9	肘围线	Elbow line	EL
2	腰围	Waist girth	W	10	膝围线	Knee line	KL
3	臀围	Hip girth	H	11	胸高点	Bust point	BP
4	领围	Neck girth	N	12	颈肩点	Neck point	NP
5	胸围线	Bust line	BL	13	袖窿	Arm hole	AH
6	腰围线	Waist line	WL	14	袖长	Sleeve length	SL
7	臀围线	Hip line	HL	15	肩宽	Shoulder	S
8	领围线	Neck line	NL	16	长度	Length	L

3.服装结构制图符号

服装结构制图中，为了准确地表达各种线条、部位、裁片的用途和作用，需借助各种符号，因此就需要对服装结构制图中各种符号作统一的规定，使之规范化。常用的符号如表2-4所示。

表2-4

序号	符号名称	符号形式	符号含义
1	等分		表示该段距离平均等分
2	等长		表示两线段长度相等
3	等量		表示两个以上部位等量
4	省缝		表示该部位需缝去
5	裥位		表示该部位有规则折叠
6	皱褶		表示布料直接收拢成细褶
7	直角		表示两线互相垂直
8	连接		表示两部位在裁片中相连
9	经向		对应布料经向
10	倒顺		顺毛或图案的正立方向
11	阴裥		表示裥量在内的折裥
12	扑裥		表示裥量在外的折裥
13	平行		表示两直线或两弧线间距相等
14	斜料		对应布料斜向
15	间距		表示两点间距离，其中"X"表示该距离的具体数值和公式

4.服装结构制图术语

服装结构制图术语的作用是统一服装结构制图中的裁片、零部件、线条、部位的名称，使各种名称规范化、标准化，以利于交流。服装结构制图术语的来源大致有以下5个方面：①约定俗成。②服装零部件的安放部位，如肩拌、左胸袋等。③零部件本身的形状，如琵琶拌、蝙蝠袖等。④零部件的作用，如吊拌、腰带等。⑤外来语的译音，如育克、塔克、克夫（袖头）等。

常用服装结构制图术语如下：

(1) 净样：服装实际规格，不包括缝份、贴边等。

(2) 毛样：服装裁剪规格，包括缝份、贴边等。

(3) 画顺：光滑圆顺地连接直线与弧线、弧线与弧线。

(4) 劈势：直线的偏进，如上衣门里襟上端的偏进量。

(5) 翘势：水平线的上翘（抬高），如裤子后翘，指后腰线在后裆缝处的抬高量。

(6) 困势：直线的偏出，如裤子侧缝困势，指后裤片在侧缝线上端处的偏出量。

(7) 凹势：袖窿门、裤前后窿门凹进的程度。

(8) 门襟：衣片的锁眼边。

(9) 里襟：衣片的钉纽边。

(10) 叠门：门襟和里襟相叠合的部分。

(11) 挂面：上衣门里襟反面的贴边。

(12) 过肩：也称复势、育克，一般常用在男女上衣肩部上的双层或单层布料。

(13) 驳头：挂面第一粒纽扣上段向外翻出不包括领的部分。

(14) 省：又称省缝，根据人体曲线形态所需缝合的部分。

(15) 裥：根据人体曲线形态所需，有规则折叠或收拢的部分。

(16) 克夫：又称袖头，缝接于衣袖下端，一般为长方形袖头。

(17) 分割：根据人体曲线形态或款式要求在上衣片或裤片上增加的结构缝。

知识链接

英国的高级定制男装

高级定制男装在英国有着超过200年的悠久历史，技术上依然保留了20世纪二三十年代的传统服装工艺，如定制一套西服，过程相当漫长，简单地概括可以分为选料、量身、裁剪、试穿（手针缝合）、缝制，再次试穿、细部修整。定制工程从量体采寸开始，采寸的数据通常会包括静立尺寸和动作尺寸，手臂的摆幅、步履的宽度甚至习惯性的姿势，这些数据都在必须测量的范围之内，因为这些决定着制成后的西装在穿着时是否舒适合身。定制服装通常都是由手工制作完成的，这也是定制服务的最大价值所在。制作工序繁复而严谨，通常都要经过几百道工序之多：面料的处理、熨斗推拨、毛衬处理、纸样打版、手缝毛壳、打线钉、试衣、修改处理及试光样等，每一步都必须细致谨慎。定制者因身形的不同使得每件定制品都不能以统一的标准来衡量，在制作时要经过数次测试，以保证尺寸不会偏差。

四、服装制图工具

(1)尺:是服装结构制图的必备工具,它是绘制直、横、斜线,弧线,角度,以及测量人体与服装还有核对制图规格所必需的工具。服装制图所用的尺有以下几种:

①直尺:是服装结构制图的基本工具,服装制图上借助于直尺完成直线条的绘画,有时也辅助完成弧线的绘画(见图2-4)。

②角尺或三角板:角尺也是服装结构制图的基本工具。它包括三角尺和角尺,主要应用于服装制图中垂直线的绘画,规格不同的三角尺分别为制作放大图和缩小图之用(见图2-5)。

③量角器:是一种用来测量角度的器具,在服装结构图中可用量角器确定服装的某些部位,如肩斜的倾斜角度等(图2-5)。

④软尺:一般为测体所用,但在服装结构制图中也有所应用,经常用于测量、复核各曲线、拼合部位的长度(如测量袖窿、袖山弧线长度等),以判定适宜的配合关系(见图2-6)。

⑤比例尺:一般用于按一定比例作图的工具,主要用于机械制图等专业的制图,服装制图也可选用相宜的比例使用(见图2-7)。

⑥放码尺:可当直尺用,给纸样放缝份、画平行线、推板画线时,使用特别方便,还可作厘米/英寸换算尺(见图2-8)。

⑦刀尺:用于画长度较长的弧线,如裙子、裤子侧缝、下裆弧线等(见图2-9)。

⑧曲线板:曲线板常用于机械制图,现也用于服装结构制图,主要用于服装制图中的弧线、弧形部位的绘画。大规格曲线板用于绘制放大图,小规格曲线板用于绘制缩小图(见图2-10)。

(2)绘图铅笔和橡皮:绘图铅笔是直接用于绘制服装结构制图的工具,在结构制图中,基础线选用H或HB,结构线选用2B,在绘制缩小图时基础线选用H或HB(见图2-11)。

橡皮用于修改图纸(见图2-11)。

(3)描线轮:用于拷贝纸样和在面料上做印记(见图2-12)。

(4)定位钻、木柄锥:用于拷贝纸样和在纸样上打孔(见图2-13)。

(5)裁剪剪刀:是用于剪切衣片或纸样的工具,型号有9英寸、10英寸、11英寸、12英寸等数种(见图2-14)。

(6)画粉:用于在布上直接画样(见图2-15)。

(7)绘图纸:常用的绘图纸有两种:一种是牛皮纸,用于制图和存档用样纸;另一种是卡纸,用以制作生产用样纸。

想一想

服装制图的各种工具有何特点?

试一试

请描述各种尺的特点与用途。

图2-4 直尺

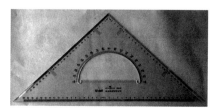

图2-5 三角尺、量角器

图2-6 软尺

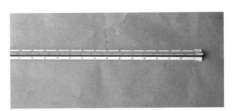

图2-7 比例尺

图2-8 放码尺

图2-9 刀尺

图2-10 曲线板

图2-11 铅笔与橡皮

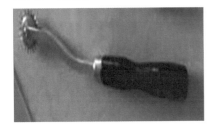

图2-12 描线轮

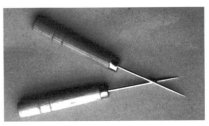

图2-13 定位钻、木柄锥

图2-14 裁剪剪刀

图2-15 画粉

学习要点	我的评分	小组评分	老师评分
正确使用制图工具进行制图 (60分)			
掌握服装制图的方法和制图术语、符号 (40分)			
总　分			

学习任务三
服装原理

[学习目标]　了解服装的基本原理,对服装产生兴趣。

[学习重点]　了解服装的分类及结构特点,服装结构制图的计算原理和方法,服装部件的结构及变化,省、裥的构成原理及变化,掌握服装的一些基本原理。

[学习课时]　6课时。

一、服装的分类及结构特点

1.服装的分类

(1) 按年龄分　成人服(青年服、中年服、老年服)、儿童服(婴儿服、幼儿服、少年服)。

(2) 按性别分　男服、女服、男女共用服。

(3) 按着装分　外套、内衣、上装、下装。

(4) 按部位分　首服(冠帽类)、躯干服(上衣、下裳、一体服)、足部服(鞋、袜)、手部服(手套)。

2.服装的结构特点

上装种类很多,结构也很复杂,从结构分为衣身、衣袖、衣领3个部分。

(1) 衣身:由若干个几何图形和线段组成。它有三开身、四开身,是按人体所量得的基本尺寸(腰节长、胸围、肩宽、领围),通过比例分配方法,制得平面结构图。

(2) 衣领:可分为有领和无领。无领要考虑领口围度,必须大于头围尺寸,以利穿脱方便;有领结构有翻领、底领、外领口、领上口、领下口等,如图3-1所示。

(3) 衣袖:衣袖的结构按人体腋窝水平位置可分上、下两部分,上部分为袖山高,下部分为袖下长。袖片结构制图可分为一片袖、两片袖,如图3-2所示。

人体腰节以下穿着的服装称下装,下装概括起来可分为裙装和裤装两大类。

裙子的基本结构是围拢腹部、臀部和下肢的筒状结构造型,它主要由一个长度(裙长)和3个围度(腰围、臀围、摆围)构成。裤子的基本结构主要由一个长度(裤长)和3个围度(腰围、臀围、脚口)构成。

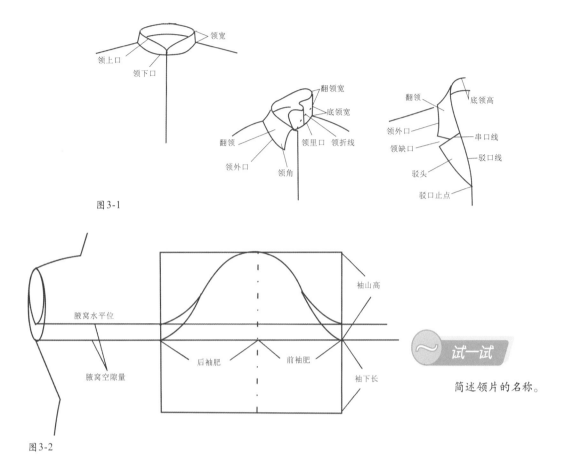

图3-1

图3-2

简述领片的名称。

二、服装结构制图的计算原理和方法

1.服装结构制图的计算原理

服装结构制图是服装裁剪的首道工序,服装裁剪概括起来可分为立体构成法和平面构成法。立体构成法一般侧重于整体造型,平面构成法一般侧重于比例关系。平面构成法是应用广泛的裁剪方法,平面构成法中的结构制图即为平面制图,它包括实量制图法和比例分配制图法等。

想一想

（1）观察周围同学衣裤有什么不同?

（2）服装除了从年龄、性别、着装、部位上分,还可以从哪些方面分类?

（3）无领裁配时应注意什么?

对平面构成法来说,可分为实量制图法、D式法、基本矩形法、胸度法和比例分配制图法等。实量制图法的特点是服装结构制图中所有部位的尺寸都由人体实际测量获得,故又称为"短寸法"。这种方法虽然精确,切合实际,但需要较多的测量数据,给实际操作带来一定程度的限制。胸度法的特点是服装结构制图中的绝大多数尺寸由胸围推导而来。这种方法虽然只需要很少的测量数据,较为简便,但精确度不高。比例分配制图法的特点是其测量数据少于实量制图法,其精确度高于胸度法,因此,它以实用、简便的优越性成为常用的制图方法。

1) 平面构成法

(1) 比例分配制图法：是采用以分数为基数的制图法，是以主要围度尺寸，按既定的比例关系，推导其他部位尺寸的制图方法。

(2) 原型制图法：原型制图法的基本图形主要是在人体净胸围基础上加固定的放松量为基数推算绘制得到的，各围度的放松量待放。原型制图法有日本第六版文化式原型、东华原型、谢式原型、日本新文化式原型、日本大野式原型。

原型制图法是以人体的净体数值为依据，加上固定的放松量，经比例分配法计算绘制而成的近似于人体表面的平面展开图，然后以此为基础进行各种服装的款式变化。

原型制图法的使用包括两个步骤，首先是绘制服装原型，但原型还不能直接作为具体服装的纸型，还应在原型的基础上，根据款式设计及面料的不同，按部位在原型上加以适度放缩，并通过省缝、分割、褶裥等多种形式的组合，成为具体的服装纸型后再进行裁剪。

(3) 基型制图法：是以服装成品规格中的胸围推算绘制得到服装平面结构图，各围度的放松量不必再加放。基型制图法与原型制图法的相同之处是根据款式设计及面料的不同，按部位在原型的有关部位采用调整、增删、移位、补充、省缝、分割、褶裥等多种形式的组合等手段画出各种款式的服装平面结构图。

2) 立体构成法

立体构成法是指直接在人体模型上铺放纱布或胚布进行款式造型，用大头针固定，确定其轮廓。它的优点是可以根据服装款式的需要，直接决定取舍，无须公式计算；缺点是裁剪易受到条件的限制（如人体模型、布料），使成本增高。

2. 服装结构制图的具体方法

1) 几何作图

几何作图法是较为科学的作图法，具有一定的稳定性。几何作图法的引进，使制图的精确性有了极大的提高。几何作图法包括扇面形法则、两直角边的比值（角度）等。

(1) 扇面形法则：扇面形原状指如扇形的平面图形，它左右两角相等，在服装结构制图中运用很广，如裙腰口、底边起翘等。有了扇面形的概念，就使原来需凭经验确定的裙腰口侧缝起翘由定数变为根据侧缝斜度而定起翘高低。

(2) 比值法：是指取自于直角三角形两直角边的数值，它代表角度。由于用公式来计算的方法不如角度控制合理准确，因此，在某些部位改公式为角度，如肩斜度的确定。本教材采用角度控制法，但角度控制需用量角器，给制图带来了麻烦，因此，用两直角边的比值来确定肩斜度。

(3) 等分：是将一条线段平均分配，在制图中很常见，如裤中裆的确定、裤臀围线的确定等。

2) 公式计算

公式计算是利用一定的比例基数加上定数来计算某一部位的尺寸，如胸宽为1/6胸围+2 cm等。公式计算贯穿于制图的整个过程，是运用最多的方法。

3) 转移与折叠

转移与折叠较多地用于女装的省型变法、裙裥变法的制图中。转移是通过旋转来变化省型等。折叠是通过折叠原有省份，使剪开部位张开来达到省型的变法，裙裥的制图有时也可用折叠来解决。

以上是制图过程中的几种具体运用的方法，这些方法的采用在一定程度上代替了某些定数及计算公式，如肩斜度的比值法代替繁琐的计算公式等，同时省的旋转法使省转移的正确性、方便性大大提高。这些方法比起某些定数及某些计算公式，其通用性增强了，因此，在本教材的制图实例中采纳了这些方法。

4）服装结构制图的顺序

服装结构制图的顺序可分为具体制图线条的绘图顺序、每一单件衣（裤、裙）片之间的顺序、面料之间的顺序、上下装之间的顺序等。

(1) 具体制图线条的绘画顺序：服装结构制图的平面展开图是由直线和直线、直线和弧线等的连接构成衣（裤、裙）片或附件的外形轮廓及内部结构的。制图时，一般是先定长度、后定围度，即先用细实线画出横竖的框架线。长度包括衣长线、裤长线、裙长线、袖长线等；围度包括胸围、腰围、臀围等。而横线和竖线的交点就是定寸点，两个定寸点之间的距离就是这一部位的注寸距离。制图中的弧线是根据框架和定寸点相比较后画出的。因此，可将制图步骤归纳为先横后竖、定点画弧、定位。

(2) 服装部件（或附件）的制图顺序：服装部件（或附件）制图顺序包括每一单件衣（裤、裙）片之间的顺序、面铺料之间的顺序、上下装之间顺序等。

每一单件衣（裤、裙）片的制图顺序按先大片，后小片再零部件的原则，即一般是先依次画前片、后片、大袖、小袖，再按主次、大、小、画零部件。如果夹衣类的品种，则先面料，后衬料再里料。下面以一般上衣为例，排列顺序如下：

- 面料：前片—后片—大袖—小袖—衣领或帽子（连帽品种）—零部件等。
- 衬料：大身衬—垫衬（包括各种垫衬如挺胸衬、垫肩衬等）—领衬—袖口衬—袋口衬等。
- 里料：前里—后里—大袖里—小袖里—零部件等。
- 其他铺料：面袋布—里袋布—垫肩布等。

对各零部件的制图重在齐全，先后顺序并不十分严格。

至于上、下装之间的顺序，包括连衣裙、连衣裤、套装等均为先上装后下装。

三、服装部件的结构及变化

1.衣领

衣领可分为立领型、翻领型、驳开领型、无领型和异型领型几大类。

测量时，需要注意：①不同的领型应测量不同的颈部位置，大多数领型测量颈的根部，翻领型宜测量颈的中下部、高立领型测量上部和下部以确保领与颈的准确贴合。②测量的手法应松紧适当，以适应领与颈之间

（1）什么是原型制图法？什么是基型制图法？两者的相同之处与不同之处是什么？

（2）服装结构制图的具体方法有哪些？其优点是什么？

（3）服装结构制图的顺序应是什么？

既贴合又不勒紧的配合关系。③在宽大无领型的裁剪制作时，对颈部测量的值只是一项参考依据，而领窝的尺寸应主要依据经验和制作者的直接审美观点来确定。

比例法的后裁片领窝原则上是固定型和固定值。其竖开门的尺寸是一个值，为2.5 cm左右。后裁片的横开门尺寸的推算方法如下：

后裁片领窝开门尺寸=1/5领围尺寸−0.2　　　　　　　（单位:cm）

比例法的前裁片领窝的尺寸推算方法如下:

前裁片领窝横开门尺寸=1/5领围尺寸−0.4　　　　　　（单位:cm）

前裁片领窝竖开门尺寸=1/5领围尺寸　　　　　　　　（单位:cm）

领片的裁剪也具有较强的规律性。因绝大多数领是对称的,可以在裁剪时多采用对称方案,即对折后裁制衣领一半。

（1）无领

只有领窝,没有领片,而又独立成其为领子的领型称为无领。领脚高是0 cm,翻领宽是0 cm。它可分为两种形式:一种是开襟式;另一种是套头式。无领开襟领口,在裁剪前衣片时要留出撇胸量,根据胸高程度留出1~2 cm,然后再画领宽、领深。无领套头式要考虑领口围度,必须大于头围尺寸,以利于穿脱方便。

无领包括圆形领、方形领、V形领、一字形领、竖直形领、特殊形领等。

（2）立领

呈直线形并且围住颈部的领子为立领。它可分为竖直式、内倾式和外倾式。

（3）翻领

翻领是指在领口部位能够翻折的领型,属关门领。领脚高大于1 cm,翻领宽大于领脚高,如图3-3所示。

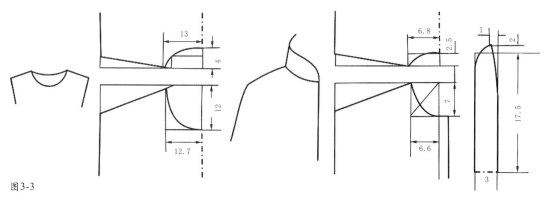

图3-3

①连底领的翻领:是指翻领与底领连在一起的领型。领脚高大于1 cm,翻领宽大于领脚高,如图3-4所示。

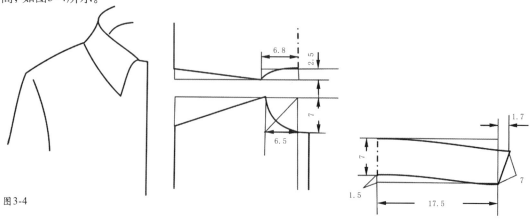

图3-4

②平领：也称祖领、披肩领。它是指领座高在0~1 cm内变化，后翻领宽大于后领座高的一类衣领。领脚高大于等于0 cm，翻领宽大于领脚高，如图3-5所示。

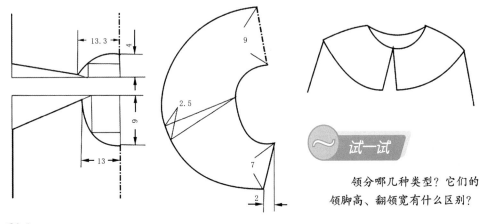

试一试

领分哪几种类型？它们的领脚高、翻领宽有什么区别？

图3-5

(4) 驳领

驳领是一种领子的前端两个领角和衣身止口的上部分对称地自前中心线向两侧翻折的领型。它由底领、翻领和驳领3部分组合而成，领脚高大于1 cm，翻领宽大于领脚高，如图3-6所示。

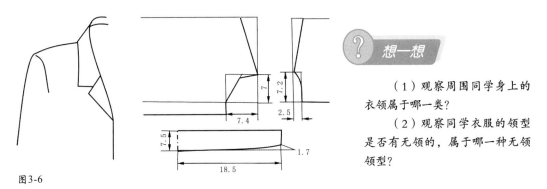

想一想

（1）观察周围同学身上的衣领属于哪一类？

（2）观察同学衣服的领型是否有无领的，属于哪一种无领领型？

图3-6

(5) 特殊领型

不是单纯地属于前述的几种常见领型的领子，而是其本身或一部分具有明显的特殊性，这种领型称为特殊领型，如图3-7所示。

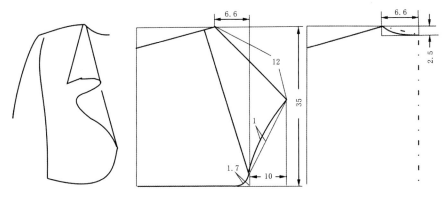

图3-7

2.袖子

袖子可分平袖、圆装袖和连袖等。长袖应适应上肢的结构和运动需要。

衣袖的结构按人体腋窝水平位置可分为上、下两部分。上部分为袖山高,下部分为袖下长。袖的构成是"袖笼"和"袖片"。"袖笼"是在衣身上袖位的挖空部分,其位置上至肩头,下至腋窝,"袖笼"的大小与着装者的臂密切相关,但是又不拘泥于臂尺寸的限制。尤其是近年发展和流行的宽松装,是以袖的宽松与不合体作为典型特点的,自然其形状和尺寸就与臂大相径庭。

（1）平袖

平袖应适应上肢的结构和运动需要,宽松式的袖型较为多见。

外形图与内在结构关系如下:

①一般平袖:袖肥,按2/10B适当减小一点;袖山深,按B/10+1.5 cm。制图时前袖肥可减0.5 cm,后袖肥可加0.5 cm,后袖深低0.5~1 cm。这样使袖山偏前,做到前圆后登,活动自如。

②其他袖式:其他袖式都在平袖的基础上进行变化。

袖片制图说明:

①平袖:袖山弧线,按袖山深分别作斜线,前袖山斜线1/2偏上1 cm,下半段中间凸出1.4 cm,再向袖中线移,中间凸出1.2 cm。后袖山斜线1/2偏下1 cm,上半段中间凸出1.4 cm,再向后移低落0.5 cm,各点连接,弧线画顺,如图3-8所示。

②泡泡袖:袖山弧线。袖肥大:前袖肥,按2/10B+1 cm,后袖肥,按2/10B+2 cm;袖山深,按B/10+6 cm。袖肥放大,袖山加深,使袖山弧线加长7~8 cm,可作为打细裥之用。袖2胖出1 cm作弧线,使袖口克夫装后,突出泡泡袖的特点,如图3-9所示。

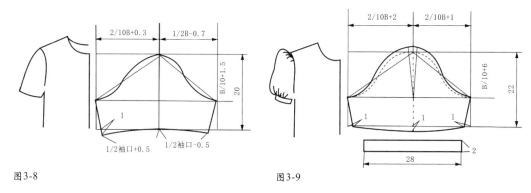

图3-8　　　　　　　　　　　　图3-9

③灯笼袖:基本参照泡泡袖。在袖口处作平直线,袖底缝按照丝绺作直线。袖山收细绺与泡泡袖相同,袖口处绲橡筋(松紧带),距袖口线2.5 cm。这样袖肥与袖口之间,仍能胖出来,如图3-10所示。如果不把袖山深提高6~7 cm,也可加大袖肥4~5 cm,同样能达到"灯笼式"的目的。

④喇叭袖:袖山不打细裥,要做到袖口为喇叭式,可以将平袖的袖口剪3刀拉开放大,袖口作弧线,这样就成了喇叭袖,如图3-11所示。

⑤荷叶袖:与喇叭袖基本相似,只是在中间放大2 cm×4 cm。其他制图方法与喇叭袖相同,如图3-12所示。

⑥飞袖:与荷叶袖有相似之处,也有不同的地方。袖山弧线基本上是一样的。袖山弧线要从袖山深按袖肥大放出0.5 cm开始作弧线,该0.5 cm作选头。为把袖口和袖山弧线画顺,要上放0.3 cm,下放0.5 cm,如图3-13所示。

? 想一想

观察周围同学身上的衣袖属于哪一类?

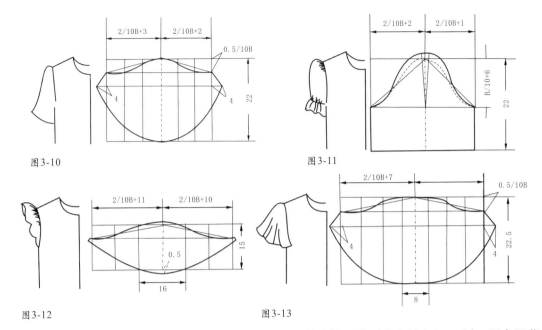

图3-10

图3-11

图3-12

图3-13

⑦中泡袖：与短泡袖在制图方法上基本相同，只是在袖口处两边各放出2 cm,袖口居中低落2 cm,使中间长些,活动时不受影响,如图3-14所示。

⑧中喇叭袖：与短喇叭袖基本相同,袖山弧线相同,但袖子喇叭口要大些,按袖肥大各放8 cm,袖中线为袖长。不仅款式可以变化,袖肥的大小和袖山的深浅、袖子的长短和袖口的大小,同样可以灵活变化。可以根据需要,制作出新颖漂亮的款式,如图3-15所示。

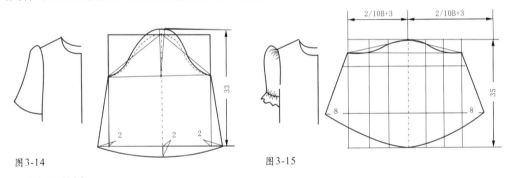

图3-14

图3-15

（2）圆装袖

圆装袖也称两片袖。其结构原理与平袖基本相同,在平袖的基础上找出大袖片与小袖片的两条公共边线,这两条公共边线应符合手臂自然弯曲的要求,然后以该线为准,大袖片增加的部分在小袖片减掉,从而产生了大小袖片,如图3-16所示。

（3）连袖

连袖是指衣片的肩部与袖山部连成一体的袖型,如图3-17所示。

（4）插肩袖

插肩袖是指衣片的肩部与衣袖连成一体的袖型,如图3-18所示。

（5）变形袖

变形袖主要是采用收褶、分割、组合的手法,设计变化出多种袖型,如图3-19所示。

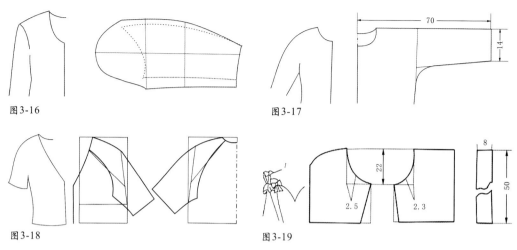

图3-16　　　　　　　　　　　　　　　图3-17

图3-18　　　　　　　　　　　　　　　图3-19

3.口袋的分类

口袋可分为4大类,即贴型、挖型、缝插型及吊型。

口袋位置的高低以手臂取物方便为易。若口袋是处于手掌习惯性伸入的位置,则袋口的大小是以手的宽度加上手的厚度为主要依据,如裤子或裙子的侧缝袋、斜插袋,上装的斜插袋、大贴袋等。若口袋是处于手掌非习惯性伸入的位置,则袋口不得小于所存入的物件的宽度(如皮夹子宽度、手帕折叠后的宽度等),如上装的水平状胸袋、名片袋、袖袋、裤子表袋等。

1) 贴袋

所谓贴袋,是指先将口袋布按设计意图做好后再直接贴合在服装主体之上,并加以固定而形成的口袋。

贴袋可分为明贴和暗贴两种形式。贴型口袋是将口袋布贴于衣身处而形成的口袋。如果从外面贴则是明贴,若从里内贴为暗贴。

(1) 明贴袋:贴合、固定在服装主体表面的口袋为明贴袋。明贴袋常用于男女外衣、衬衫、连衣裙及各种下装,是最为多见的袋型,如图3-20所示。

(2) 暗贴袋:贴合、固定在服装主体反面的口袋为暗贴袋,如图3-21所示。

2) 挖袋

在服装主体的适当部位剪袋口,并将袋口缝光,同时将袋布缝于袋口内里而形成的袋为挖袋。挖型口袋又分为条挖、盖挖、板挖及拉链等几种,如图3-22所示。

"盖"式挖袋又可以根据袋盖的位置分为两种。盖于袋口之上,需掀起袋盖方可插入袋口的为内式盖挖袋,此类盖挖袋较多见;盖于袋口处,与袋口成为一体并垂于袋口之外的为外垂式盖挖袋,此类盖挖袋用途亦很广。

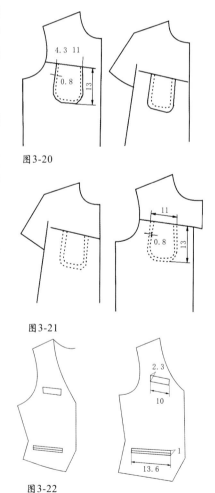

图3-20

图3-21

图3-22

3) 缝插袋

缝插袋最大的标志是袋口的位置正好与衣身的一接缝相吻合, 如图3-23所示。

4) 吊袋

吊袋的特点是 "吊",即袋的 "角" 或者袋的 "边" 是悬空的, 这使得口袋本身好像与衣身的衔接并不实。例如, 休闲服的两角下方口袋就是吊袋, 如图3-24所示。

裤子的前、后袋按照口袋的分类来说, 裤袋也不外乎如前所述的贴、挖、缝几类。

观察周围同学服装的口袋属于哪一类。

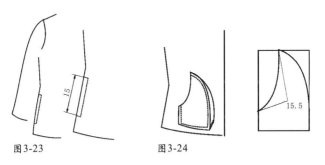

图3-23　　　　　图3-24

四、省、裥的构成原理及变化

1.省、裥的构成原理

人体截面形态并非是单纯的椭圆形或球形, 人体是由起伏不平的凹凸组成, 它是一个复杂而又微妙的立体形。要想使平面的布料符合复杂的人体曲面, 就必须在适当的部位作收省、收裥、收褶处理。由于各部位凸起、凹陷的程度不同, 所设计的省量大小、长短也各有不同。

服装的任一部位出现由折叠而形成的印痕称褶裥。

1) 褶裥的基本种类和应用

根据褶裥的结构特点, 可基本把它分为两类, 即细褶和宽褶。细褶和宽褶只能相对而言, 褶裥的折叠印痕较少者可视作细褶。其特点是以成群而分布集中, 又以无明显倒向的形式出现, 如图3-25所示。

图3-25

对于宽褶, 按其功能不同可分成平褶和省裥两种形式, 如图3-26所示。

此外, 宽褶的不同排列和组合能产生扑褶、阴褶、顺风褶等丰富多变的裙褶形式。

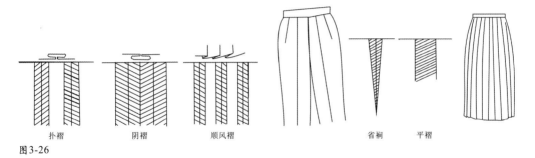

扑褶　　　　阴褶　　　　顺风褶　　　　　　省裥　　　平褶

图3-26

2) 省

(1) 省的种类：有锥形省、喇叭形省、S形省、枣核形省、冲头形省、月亮形省及折线形省等，如图3-27所示。

(2) 省的作用：省尖部位能形成锥面形态，使之更符合人体表面，如领胸省、肩背省、袖肘省等；它能调节省尖和省口两个部位的围度差值，如西裤的后腰省和旗袍裙的前后腰省均能起到调节臀腰差的作用，吸腰上装的腰胸省能调节胸腰差。

(3) 省的结构：无论什么部位或形态的省道，其省尖与人体球面中心区域的距离在2～5 cm。省量的大小与服装合体程度、面料特性、工艺形式等有关，合体程度越高，则省量越大，反之就越小；面料伸缩性大，则省量大，反之则小。

(4) 省边的处理：由于省量的存在，省缝与边界线存在着夹角，缝合省缝后，省口与边界线出现凹凸角，因此，必须将省缝与边界线的夹角修正，使之缝合后为一条顺线，如图3-28所示。

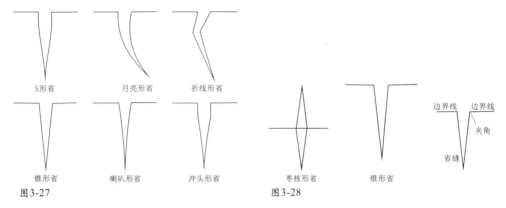

图3-27   图3-28

2.省、裥的变化

省的变化以胸省为例。

省缝主要是设置在胸部、腰部、臀部等部位。由于各部位突起、凹陷的程度不同，所设计的省量大小、长短也各有不同。省的名称按所设置的部位名称来命名。

1) 省缝的变化

省缝的变化可以通过纸样转换完成。胸省变化的方法大致有3种：第一种是纸型折叠转换法，即在纸型上将设定的胸省位，向着胸高点的方向剪开，将纸型上原有的省份折叠，剪开处就会自然张开；第二种是纸型旋转移位法，即以笔尖压住胸高点旋转纸型，旋转至纸型上原有省份合并，并在设定的省份上定位；第三种是角度移位法（比值法），具体绘制方法将在后续进行说明。它可以根据个人的喜爱和款式的需要将一个省缝转移到衣片的任何一个部位，省型无论怎样转换，服装的原有造型及舒适性不能改变。

省缝的转化方法有两种：一种是转动法，适合于较硬的基型样板；另一种是剪叠法，适合于较软的基型样板。

(1) 纸型旋转移位法：这是一种通过移动基型使原省还原，同时建立新省的方法。下面以基型的腋下省为例进行转换，设原省的断点为A，A'点，选取新省位置B点（假设在肩部任一点），且与BP点连线。然后按住BP点，并以该点为圆心，逆时针转动，使原省缝A点与A'点重合（还原）。这时B点转移到新的位置B'点，B与B'点两点间的量则为新省的量，如图3-29所示。

（2）纸型折叠转换法：将基型纸样上的新省位剪开，将原省缝折叠，使剪开的部位张开，张开的大小即是新的省量。

在进行省道转移和变化时,要掌握以下3个原则:

①经过转移变化后的省缝两线相交的夹角大小不变。对于不同方位的省缝来说,只要省夹的指向相同,则每一方位的省缝夹角必须相等。新省的长度与原省的长度不同,这是因省端与BP点的远近所致。即以BP点为圆心,只要半径相同,省的边长相等,省量大小就相等。半径不同,省的边长不同,省量的大小自然不会相同。

②为使胸部造型柔和、美观,一般省尖不能直达BP点,而应距BP点3~5 cm,在半径的圆周附近。

③设计省缝时,其形式可以是单个的,也可以是分散的。单个的省缝由于缝进去的量大,往往衣服成形后形成尖点,在外观造型上生硬。分散的省缝则由于各分省缝缝进去的量小,可使省尖处造型较为匀称而平缓,如图3-30所示。

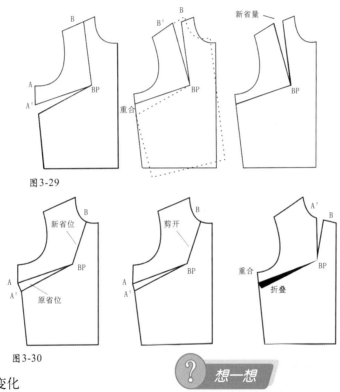

图3-29

图3-30

2）褶的变化

收褶的变化有两种情形：

①衣身收褶量不太大的时候，只需将省缝的量转变成褶的量。制作步骤是先在衣片纸样上做出收褶的位置，然后用省缝转换的方法将原省缝的量转换成新的省缝，把新的省缝的量作为收褶的量。其方法是首先在纸样上做出收褶的结构线AB，然后将AB线剪开，原省缝的上部衣片合拢，则AB线下部的省缝即是收褶的量，如图3-31所示。

想一想

（1）省、褶量是否有限？

（2）胸省的纸样转换结果与角度移位法结果是否一致？

（3）省的基本作用是什么？褶裥的基本作用是什么？

（4）为什么省尖点一般不落在隆起部位的中心处？

（5）袋口大小的基本依据是什么？

（6）简述立领、翻领、驳领之间的关系。

②当衣身收褶的量较大时，单纯将省缝作为褶量已经不够。在这种情况下，在基础纸样上沿收褶的位置作若干条展开线，然后按线剪开，放出所需要的收褶量，如图3-32所示。

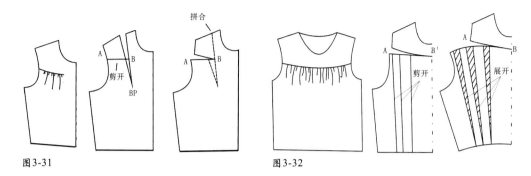

图3-31   图3-32

学习评价

学习要点	我的评分	小组评分	老师评分
了解服装部件的结构及变化； 省、裥的构成原理及变化 (60分)			
能准确画出省、裥 (20分)			
会分析省、裥在服装上的运用 (20分)			
总　　分			

学习任务四
服装原型

[学习目标]　能运用原型法设计出各种造型的服装。

[学习重点]　各种原型法的制图方法。

[学习课时]　6课时。

原型是指符合人体基本状态的最简单的纸样,是服装构成的基础。根据人的体型和活动特点,把包覆人体的衣片分为上身原型、袖原型、裙原型及裤原型。

人体是一个较复杂的立体凸体,原型法是根据人的立体模型制出标准基础图样,再以此为基础放大或缩小形状尺寸,设计出各种造型的服装裁剪法。原型法是以人体为基础,从立体到平面再回到立体的过程。

原型法按不同国家及使用惯例又分为不同类型与流派,但其基本原理都是一致的,都是以符合人体基本状态的最简单的基型为中间载体,然后按照款式要求在原型上调整来进行结构设计。原型法制图相当于把结构设计分成了两步:第一步考虑人体的形态,得到相当于人体立体表皮展开的中间载体;第二步运用自身所具有的美学经验及想象力在原型上进行款式造型变化最终得到服装结构图。

本教材选择在国内高校和企业运用较多的几种结构制版原型进行研究。女装原型结构主要有下列4种:日本第六版文化式原型、东华原型、谢式原型、日本新文化式原型。

一、日本第六版文化式原型

在日本社会发展的一百多年间,随着西洋服装的渗透,很多技术人员花费了大量的时间和精力来研究服装原型。特别是文化女子大学服装系创作的文化式原型,影响最广的是经过多人试穿后第六次修改而确定的第六版文化式原型(俗称旧文化原型)。从20世纪80年代传入到我国以来,我国的服装教育、服装行业都直接或间接受益于第六版文化式原型。该原型以测量部位少、制作方便著称,且日本人的体型与我国国人的体型相似,在国内被各大服装院校广泛使用,已经完全代替了中国传统的比例裁剪方法。日本文化式原型法的引进对我国服装制板技术的进步起到了积极的促进作用。但随着新文化原型及国内专业人士自己研究的原型的出现,该原型逐渐显示出自己的不合理之处。该原型因在我国服装院校的广泛影响力而被选为本教材研究的原型之首,如表4-1、图4-1所示。

表4-1

号/型	净胸围 (B*)	背长 (BWL)
160/84A	84	38

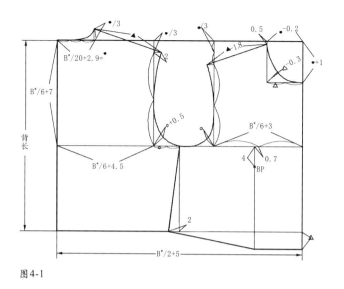

图4-1

二、谢式原型

谢式原型是福建师范大学服装设计与工程专业谢良老师对日本第六版文化式原型加以改变而成的一种原型。他总结了原型打板法的技术原理和方法，将自己的原型冠以"女装原型的本国化改革"。日本文化式原型法的引进对我国服装制板技术的进步起了积极的促进作用，但在解决原型合体性的途径、设计变化的可传授性两个方面不太符合我国国情，在一定程度上影响了原型法的推广。他认为，为了实现较大范围体型的合体效果，原型各主要控制部位的计算公式的设置应尽可能近似于人体相应部位的增减比例，按照我国女性的体型特征，归纳出胸围与各控制部位之间具有典型性、代表性的增减比例，重设各控制部位的计算公式，替代文化式女装原型原有的公式。谢式女装原型外形仍然启用日本第六版文化式原型，只是改变了原型内在尺度的增减比例，对中间体原型的外观影响小。经本国化改革的谢式原型，成功地突破了简捷地覆盖大范围体型的合体性难题。谢式原型因强调原型与人体相应部位的增减比例及满足大范围体型的特点而成为本教材研究的原型。

其规格尺寸与日本第六版文化式原型相同（见表4-2），结构图如图4-2所示。

表4-2

号/型	胸围 (B*)	背长 (BWL)
160/84A	84	38

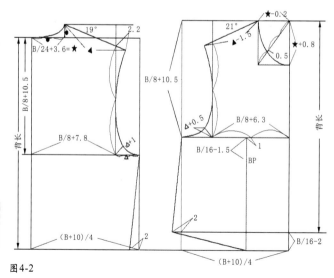

图4-2

三、东华原型

东华大学服装学院相关学科的教师和科研人员本着加强中国服装结构设计基础理论研究的愿望,经过长达10年的探索与实践,对原型构成原理、中国人体体型计测及其规律分析、中国原型初始图形应用等作了综合性研究,在细部公式与人体控制部位相关关系及其回归方程的建立、修正及不断完善的过程中,建立了中国式原型——东华原型的理论体系和技术方法,填补了我国服装设计技术的空白。

目前我国出现的许多制板方法,如基型法、母型法、梅式直裁法等,基本上都是应用制板法。即板型基础是以成衣的制板为基础的方法,不是建立在对人体的基础研究之上,而是建立在成衣制板经验基础之上的,因此,很难在制板本质上给出翔实的人体理论根据。而东华原型是真正的原型制板法,是建立在对人体的全面研究,经过数学或几何的归纳加上服装制板经验总结出的基本板型作为原型,如图4-3所示。

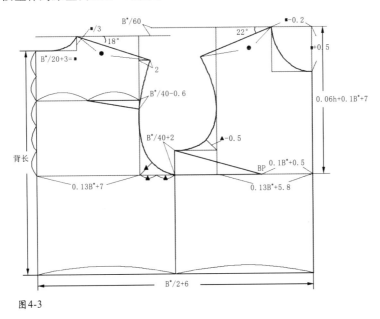

图4-3

四、日本新文化式原型

文化式原型是日本服装教育领域经常使用的原型之一。日本新文化式原型是1998—1999年,文化女子大学服装系连同大专部和文化服装学院(中专)共同研究,对原有原型进行了最新的一次修正。修正过程中主要以文化女子大学服装造型学研究室的长期实验结果为依据。新原型的制图公式是在大量实验数据的基础上归纳形成的,既适合教学使用,同时又能满足个体定制服装的需要,体型覆盖率高,满足基本的日常动作需求。日本新文化式原型已于近几年传入我国,逐步在各高校中传播,将替代原有的第六版文化式原型。

该原型与第六版文化式原型相比(见图4-4、表4-3),在以下5个方面作了改进:

①衣身立体构成方面,由梯形原型改为箱形原型,浮余量更直观,胸、腰围线均处于水平。

②浮余量省位置由腰部改为袖窿处,且采用角度法确定浮余量大小。

③胸背宽、袖窿宽比例由六分法改为八分法,更加适应人体的细部变化。

④肩斜度不再由领深确定,而改为角度法,更加符合肩部角度。

⑤腰省分配符合人体,一目了然。

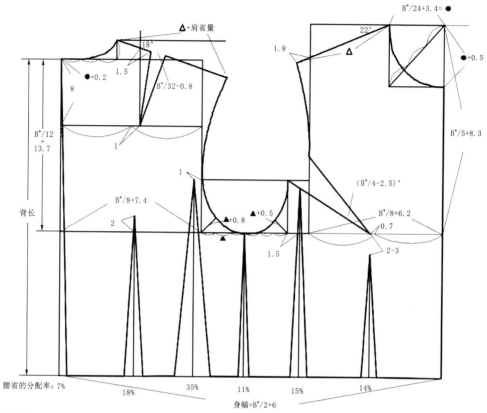

图4-4

表4-3

号/型	净胸围 (B*)	背长 (BWL)	腰围 (W*)
160/84A	B=B*+12=84+12	38	W=W*+6=66+6

学习评价

学习要点	我的评分	小组评分	老师评分
会女上衣原型结构的制图 (60分)			
能运用原型法设计出各种造型的服装 (20分)			
会分析各种原型法的制图方法 (20分)			
总　　分			

实 践 篇

SHIJIANPIAN >>>

[综　　述]

本篇是基础知识的具体运用和推广,是知识得到进一步理解、能力进一步提高的阶段。

本篇的学习任务有:女裙结构制图;裤装结构制图;衬衫结构制图;连衣裙、旗袍结构制图;春秋衫、夹克衫结构制图;西服上衣结构制图;大衣、风衣结构制图。

内容做到精要的同时也注意了知识的覆盖面,基本涵盖了下装、上装;裥省、分割线的处理;长袖、短袖;基本领型;平袖、圆袖、泡泡袖;开袋、贴袋等。

针对每个款式,从款式特点及外形、测量方法及要点、制图规格、结构制图、制图要领与说明、放缝、排料等方面进行学习。

通过本篇的操作实践,使学生掌握服装结构制图的方法。

[培养目标]

①提高识图和制图的能力。

②提高发现问题、分析问题、解决问题的能力。

③提高自主学习、举一反三的能力。

[学习手段]

进行操作示范,学生动手练习。

>>>>>>>>> 学习任务五
女裙结构制图

> [学习目标] 了解女裙的制图基本原理,掌握各种不同结构造型的女裙结构图,使学生能顺应裙装流行,举一反三,达到以不变应万变的目的。
>
> [学习重点] 了解直裙、斜裙、裥裙、节裙的制图原理,掌握各种裙型的制图、放缝与排料。
>
> [学习课时] 6课时。

　　裙,一种围裹在人体自腰以下的下肢部位穿着的服装,无裆缝,女性的常用服装。一条得体的裙装可以表现出女性柔美的体态。

　　女裙从外形结构看,大致可分为直裙、斜裙、裥裙及节裙等。其中,直裙包括后开衩一步裙、裙摆两侧开衩的旗袍裙、裙前面中间缝有阴裥的西服裙等。斜裙包括一片裙、两片裙、多片裙(四片、八片等)。裥裙包括百裥裙、皱裥裙等。节裙包括两节式或三节式等,其他还有两种或两种以上形式组合而成的裙子等。

一、直裙

　　直裙裙身平直,裙上部符合人体腰臀的曲线形状,腰部紧窄贴身,臀部微宽,外形线条优美。

1.款式图与款式特征

　　此款裙属直裙,又称一步裙,裙腰为装腰型直腰,前后腰口各收省两个,后中设分割线,上端装拉链,下端开衩,适合各种年龄女性穿着;宜用偏厚的凡立丁、女衣呢等面料制作(见图5-1)。

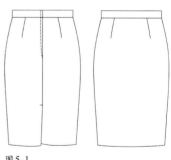

图5-1

2.测量与加放

　　(1)裙长:由腰围最细处向上2~3 cm,向下量至所需长度。

　　(2)腰围:腰围最细处围量一周,加放1~2 cm。

　　(3)臀围:臀围最丰满处围量一周,加放4~6 cm(不同年龄、职业、面料加放量不同)。

3.制图规格 (见表5-1)

　　直裙各部位线条名称如图5-2所示。

4.制图步骤与顺序（见图5-3）

1）前裙片框架制图顺序

①基本线（前中线）：首先画出的基础直线。

②上平线：与基本线垂直相交。

③下平线（裙长线）：按裙长减腰宽，平行于上平线。

④臀高线（臀围线）：上平线量下0.1号+1 cm。

⑤臀围大（侧缝直线）：按1/4臀围作前中线的平行线。

2）后裙片框架制图顺序

①按前片延长上平线、下平线、臀围线。

号/型	部位	裙长	腰围	臀围	腰宽
160/72B	规格	68	74	94	3

表5-1　　　　单位：cm

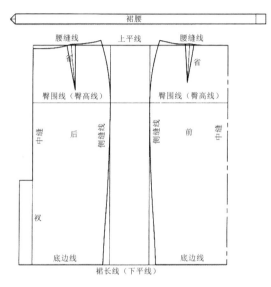

图5-2

图5-3

（a）后裙片　　　（b）前裙片

②后中线：垂直于上平线。

③臀围大（侧缝直线）：按1/4H作后中线的平行线。

④侧缝弧线：按腰口劈势点、臀围大点画顺，方法如图5-4所示。

3）前裙片结构制图顺序（见图5-5）

①腰围大：按1/4W。

②腰口劈势：腰口劈势大为臀腰差的1/2。

③前省：省大为臀腰差的1/2，省长为11 cm。

④腰缝线：腰口起翘确定方法如图5-5所示。

⑤摆围大：按侧缝直线偏进2 cm。

⑥侧缝弧线：按腰口劈势点、臀围大点画顺，方法如图5-5所示。

4）后裙片结构制图顺序（见图5-4）

①腰围大：按1/4W。

②腰口劈势：同前裙片腰口劈势。

③后省：省大为臀腰围差的1/2，省长为13 cm，省中线垂直于腰缝直线。

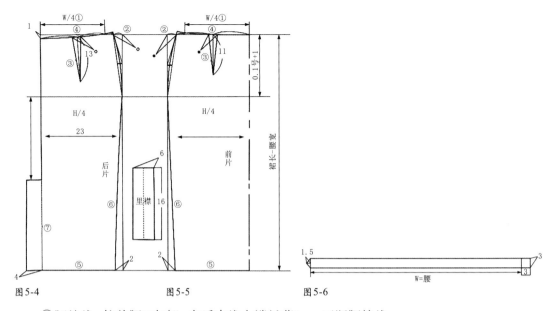

图5-4　　　　　　　　　　图5-5　　　　　　　　　图5-6

④腰缝线：按前腰口起翘，在后中线上端低落1 cm画顺腰缝线。

⑤摆围大：同前裙片。

⑥侧缝弧线：同前裙片。

⑦后衩：后衩高由臀高线量下23 cm，后衩宽4 cm。

5) 裙腰

长为腰围规格，另加3 cm里襟宽（见图5-6）。

5.制图要领与说明

1) 侧缝处的裙腰缝为何要起翘

由于人体臀腰差的存在，使裙侧缝线在腰口处出现劈势，使起翘成为必要。因为侧缝有劈势，使得前后裙身拼接后，在腰缝处产生了凹角。劈势越大，凹角越大，而起翘的作用就在于能将凹角填补。

2) 后腰中心线低落原理

人体腰节线前有腹部后有臀部，而后腰中心点以下较为平直。因此，在结构处理上，后中点从腰节线向下低落1 cm，这样可以防止后腰起涌现象。

3) 裙腰口省数量的分布、位置、省量及长度

收省的目的是满足臀部规格后将腰部多余部分收去使腰部合体。通常根据腰围、臀围差数来确定收几个省，当 (H−W) /4≤6 cm时收1个省，当 (H−W) /4≥6 cm时收2个省。由于腰节高离腹部距离较短省道不能太长，省的长度与省量有关，省量大则省长，省量小则省短，同时还应结合面料和造型要求来调节。

4) 后开衩高低确定

裙开衩设计在一步裙中较为常见，是人体活动的必要条件，后衩长度一般离腰口距离应保持40 cm左右，故开口止点在臀围线下23 cm处比较合适。

6.直裙放缝示意图（见图5-7）

7.直裙排料示意图（见图5-8）

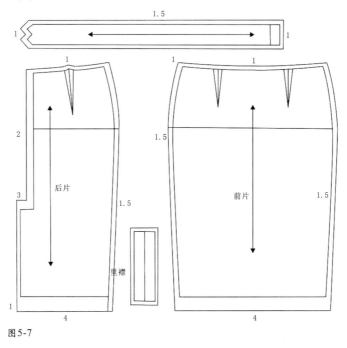

图5-7

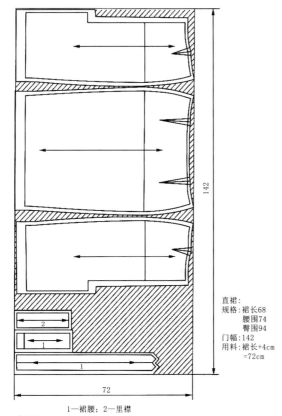

1—裙腰；2—里襟

图5-8

直裙：
规格：裙长68
　　　腰围74
　　　臀围94
门幅：142
用料：裙长+4cm
　　　=72cm

　想一想

　　直裙腰口省的数量及长度如何确定？

　试一试

　　按1∶1的比例绘制并裁剪一条后开衩直裙（规格自定）。

●●● 知识链接

1.款式图与款式特征（见图5-9）

此款裙属直裙的变化款，裙腰为无腰型，斜向分割呈V字形，在基本形上前后腰口各收省两个（也可将腰省转移至分割线内），在基本图完成后按折裥位放出折裥的量。后中设分割线，上端装拉链，下端开衩。

2.制图规格（见表5-2）

表5-2 单位：cm

号/型	部位	裙长	腰围	臀围
160/66B	规格	54	66	92

3.结构制图（见图5-10）

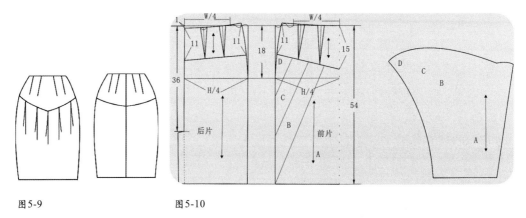

图5-9 图5-10

二、斜裙

斜裙腰口不收省，腰口较小，裙摆宽大呈喇叭形状，故又称喇叭裙。喇叭裙有独片裙、二片裙、四片裙、六片裙、八片裙等。按裙摆角度有180°、360°、720°等造型；裙长有长、中、短之分。

1.款式图与款式特征

此款斜裙为装腰型直腰裙，裙摆角度为180°四片裙，裙摆较为宽大，腰部以下呈自然波浪，右侧缝上端装拉链（见图5-11）。面料适用范围广，厚薄均可。

2.测量与加放

（1）裙长：腰围最细处向上2～3 cm，向下量至所需长度，一般夏季裙略短，春秋季裙略长。

（2）臀围：由于此款式非合体型，外形为喇叭裙，臀围宽松，故不必测量。

（3）腰围：腰围最细处围量一周，一般加放1～2 cm。

图5-11

3. 制图规格（见表5-3）

4. 结构制图（见图5-12）

5. 制图要领与说明

1）斜裙的角度与腰口弧线计算公式

斜裙的裙摆角度可以为90°、120°、150°、180°、210°、360°、720°等。由裙摆角度可以算出腰口半径，两片斜裙裙片的夹角通常是90°×2=180°；四片裙裙片夹角是45°×4=180°。如设腰口半径为R，W为腰围大，则180°喇叭裙腰口半径（R）=W/π。以此类推，360°喇叭裙腰口半径（R）=W/2π；720°喇叭裙腰口半径（R）=W/4π，等等。

2）裙摆的处理

因为斜裙斜丝部位具有悬垂性，造成前后中缝伸长，致使裙摆不圆顺。因此，制图时应将其伸长部分扣除，扣除量根据面料性能和裙长而定，一般需扣除2 cm。

6. 斜裙放缝示意图（见图5-13）

7. 斜裙排料示意图（见图5-14）

三、裥裙

裥裙是在直裙的基础上，加入各种形式的折裥做成的裙子。一般有阴裥裙（裥底在反面）、扑裥裙（裥底向

号/型	部位	裙长	腰围	腰宽
160/66A	规格	70	68	3

表5-3　　　　单位：cm

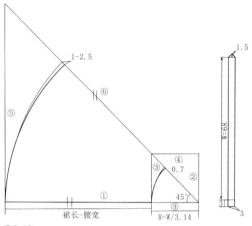

图5-12

想一想

做一条六片裙应取裙摆角度为多少比较合适？八片呢？

试一试

按1∶5和1∶1的比例分别绘制并裁剪一条四片喇叭裙（规格自定）。

图5-13

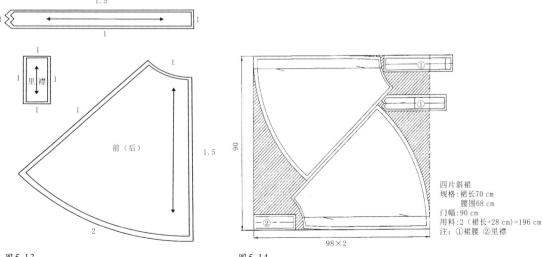

四片斜裙
规格：裙长70 cm
　　　腰围68 cm
门幅：90 cm
用料：2（裙长+28 cm）=196 cm
注：①裙腰　②里襟

图5-14

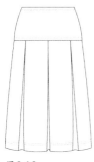

图5-15

上)、顺风裥裙(裥底向一个方向)、百裥裙(折裥很多、很密)和间隔裥裙等多种。裥裙造型端庄、整齐,深受女性的喜爱。

1.款式图与款式特征(见图5-15)

此款属无腰型平腰裙,不装腰,裙片由上下两段裙片拼接而成,上片腰口不收省,用省道转移的方法处理腰省,下裙片前后各设3个裥,右侧缝上端装隐形拉链。适合年轻女性穿着,厚薄面料均可。

2.测量与加放

(1) 裙长:不宜太长,一般在膝盖以上。

(2) 腰围:平肚脐处围量一周,加放1 cm左右。

(3) 臀围:加放6 cm左右。

3.制图规格(见表5-4)

4.结构制图(见图5-16)

表5-4　　　单位:cm

号/型	部位	裙长	腰围	臀围
160/74A	规格	45	72	92

5.制图要领与说明

1) 省道转移方法

可采用折叠法,即将上段裙片图折去省份后形成的图形,即为符合款式要求的结构图。也可采用比值移位法,两种方法结果一致(见图5-17)。

2) 裥量说明

裥量大小可根据款式、设计意图、面料质地来定,裥的数量也可增加,也可以采用断开处原有量的一定倍数来确定,如1/3倍、2/3倍、1倍等。

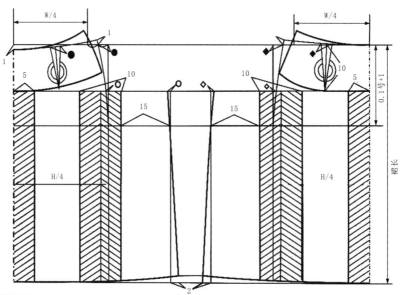

图5-16

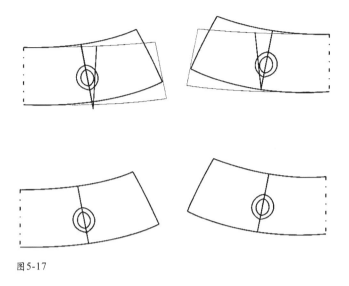

图5-17

高腰褶裥裙

1.款式图与款式特征（见图5-18）

此款裙为高腰连腰型褶裥裙，腰节向上连腰6 cm，腰节向下12 cm断开分割线，前后片各设5个阴裥，裥底大12 cm。在右侧缝上端装隐形拉链。此款裙适合年轻女性穿着，厚薄面料均可。

2.制图规格（见表5-5）

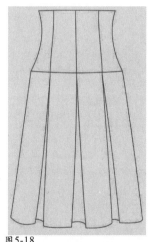

表5-5   单位：cm

号/型	部位	裙长	腰围	臀围
165/68A	规格	62	70	94

3.结构制图（见图5-19）

4.制图要领与说明

1）裙腰造型（包括裤腰）的分类

腰口造型分为高腰、平腰和低腰3种。腰口线的高低决定着裙腰的造型，同时裙腰的造型又决定腰口线的形状。高腰状态时，裙腰的造型为扇面形；平腰状态时，裙腰的造型为矩形，腰口线为直线；低腰状态时，裙腰的造型为倒置的扇面形，腰口线为弧形。

2）裙褶裥的画法

前后片均同，见图5-19。

图5-18

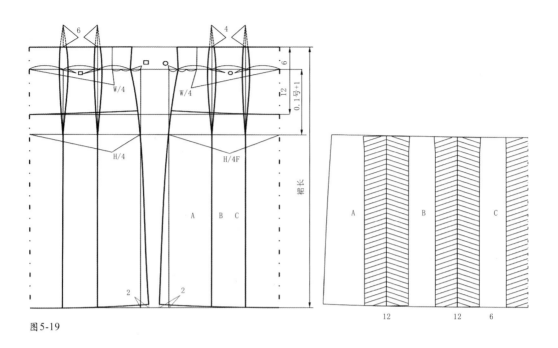

图5-19

四、节裙

图5-20

节裙又称接裙或塔裙,裙片由多块裙片拼接而成,有两节式、三节式、四节式、五节式等,可用直料和斜料拼接,也可用多种面料镶接,还可在裙摆或拼接部位镶花边等。

1.款式图与款式特征 (见图5-20)

此款裙腰口收橡筋,五节裙,每节抽细裥。第一、三、五节按黄金比例分割,用花布面料制作;第二、四节均为10 cm的宽度,采用色织布将花布分隔。款式休闲,穿着舒适,适宜花布或薄型面料制作。

2.制图规格 (见表5-6)

表5-6　　　　单位:cm

号/型	部位	裙长	腰围
160/68A	规格	70	68

3.结构制图 (见图5-21)

4.制图要领与说明

节裙抽褶量按款式要求来定,一般可采用断开处原有量的一定倍数来确定,如1/3,1/2,1倍、2倍等,由设计图和布幅大小而定。

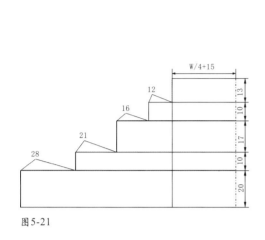

图5-21

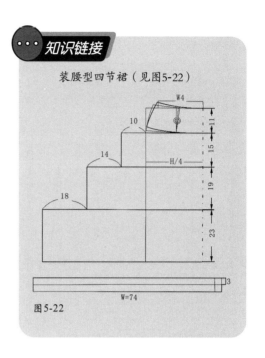

知识链接

装腰型四节裙（见图5-22）

图5-22

五、低腰牛仔A字裙

A字裙是指侧缝有一定偏斜度的裙型。

1.款式图与款式特征（见图5-23）

此款裙为低腰、装腰型牛仔裙，前中设门里襟，前侧左右各设一弧形袋，后裙片臀围处左右各设一贴袋，裙摆下侧开衩钉3粒扣装饰，适宜各种风格牛仔面料及女衣呢等。

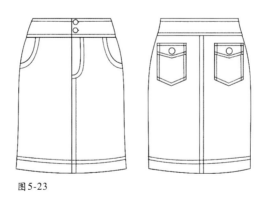

图5-23

2.制图规格（见表5-7）

表5-7　　　　　　　　　　　　　　单位：cm

号/型	部位	裙长	腰围	臀围	腰宽
160/66A	规格	50	68	92	6

3.结构制图（见图5-24）

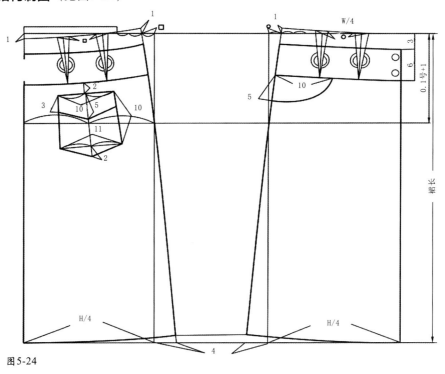

图5-24

4.制图要领与说明

A字裙下裙摆偏斜度的确定：A字裙的侧缝偏斜度应大于直裙而小于斜裙，下摆劈出量与裙长有关，下摆在臀围线下10 cm处劈出1 cm所形成的侧缝是在裙子不开衩时能满足人体行走活动时所需的最小幅度。

（1）怎样运用省道转移的方法绘制裙子款式的结构图？

（2）裙腰中高腰、平腰和低腰3种腰口线的绘制方法是什么？

（1）用1：1的比例绘制上裙片无省，下裙片加6个裥，裥面为7 cm的裥裙，并裁剪（规格自定）。

（2）按1：5的比例绘制一条高腰褶裥裙（规格自定）。

学习评价

学习要点	我的评分	小组评分	老师评分
了解女裙的制图基本原理（60分）			
掌握各种不同结构造型的女裙结构图（20分）			
会各种裙型的制图、放缝与排料（20分）			
总　分			

学习任务六
裤装结构制图

[学习目标]　了解并掌握男、女西裤的结构,同时了解牛仔裤、男西短裤、裙裤的结构,加深
　　　　　　对裤类结构制图的理解。

[学习重点]　了解各种裤类的款式特征,掌握裤子前片、后片、零部件的结构制图。

[学习课时]　6课时。

一、西裤

（一）女西裤

1.裤子基本情况

裤子泛指(人)穿在腰部以下的服装,一般由一个裤腰、一个裤裆、两条裤腿缝纫而成。裤子的款式繁多,按长度区分有长裤、短裤、中裤;按腰线高低区分有低腰裤、高腰裤、无腰带裤等;按褶裥的形式区分有无褶裥裤、有褶裥裤等。

2.女西裤的款式图与款式特征

此款裤腰为装腰型直腰,前裤片腰口左右反折裥各2个,前袋的袋型为侧缝直袋,后裤片腰口左右各收省2个,前中门里襟装拉链,如图6-1所示。

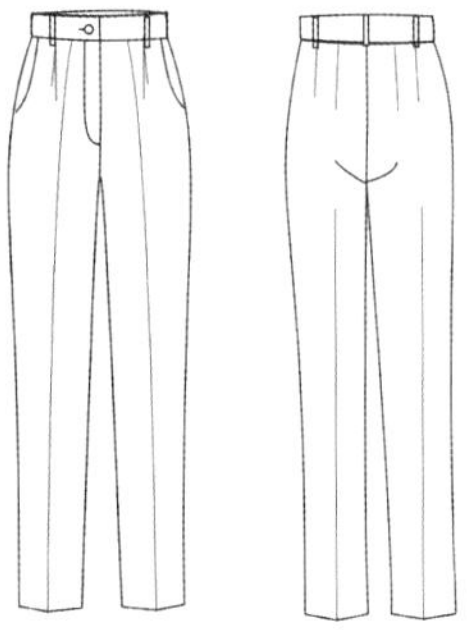

图6-1

3.测量要点

(1) 裤腰围的放松量:一般为1~2 cm。

(2) 臀围的放松量:一般为7~10 cm。

4.制图规格 （见表6-1）

5.结构制图 （见图6-2）

表6-1　　　　　　　　　　　　　　　　　　　　单位：cm

号/型	部位	裤长 (L)	腰围 (W)	臀围 (H)	裆深	脚口	腰宽
160/66A	规格	100	68	96	29	20	3

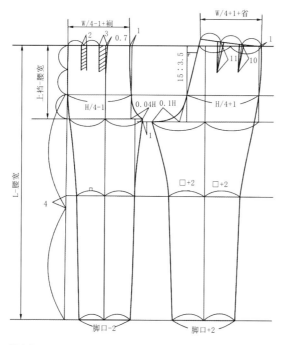

图6-2

1）前裤片制图

　　（1）基本线。

　　（2）下平线：与基本线垂直相交。

　　（3）上平线：取L−腰宽，与下平线平行。

　　（4）裆深线：由上平线量下，取上裆−腰宽。

　　（5）臀高线：取上裆1/3处，由裆深量上，与上平线平行。

　　（6）中裆线：按臀围线至下平线1/2处向上抬高4 cm，平行于上平线。

　　（7）前臀围大：在臀高线上，侧缝直线为起点，取H/4−1画线，平行于基本线。

　　（8）前裆宽：在裆深线上，以前裆直线为起点，向外量0.04H。

　　（9）前烫迹线：在裆深与基本线交点内量1 cm处至前裆宽，分成两等份，与基本线平行。

　　（10）前腰围大：取W/4−1+裥（5 cm）。

　　（11）前脚口大：脚口大−2 cm，以烫迹线为中点两边平分。

　　（12）前中裆大定位：以前裆宽两等分，取中点与脚口连接。

　　（13）前中裆大：以烫迹线为中点两边平分。

　　（14）前侧缝弧线：由上平线与前腰围大交点至脚口大连接画顺。

　　（15）前下裆弧线：由前裆宽与脚口大连接画顺。

　　（16）前裆缝线：前裆内劈1 cm，与臀围大至前裆宽连接画顺。

　　（17）前折裥：裥大3 cm。

　　（18）后折裥：裥大2 cm。

2）后裤片制图

　　（1）延长下平线、中裆线、臀高线、上平线。

　　（2）后裆深线：前裆深低落1 cm，作前裆深平行线。

　　（3）后臀围大：在臀高线上，以后侧直线为起点，取H/4+1宽度画线。

　　（4）后裆缝斜度：在后裆直线上，以臀围为起点，取比值为15∶3.5，作后裆缝斜线。

　　（5）后裆宽线：在上裆高线上，以后裆斜度为起点，取0.1H。

　　（6）后烫迹线：在上裆高线上，取后侧缝直线至后裆宽线大1/2，作下平线垂线。

　　（7）后腰围大：按后侧缝直线偏出1 cm。

　　（8）后脚口大：按脚口大+2 cm，以后烫迹线为中点两侧平分。

　　（9）后中裆大：取前中裆大的1/2+2 cm为后中裆大的1/2。

　　（10）后侧缝弧线：由上平线与后腰围大交点至脚口大连接画顺。

　　（11）后下裆缝弧线：由后裆宽线至脚口大连接画顺。

（12）后腰缝线。

（13）后裆缝弧线：腰口起翘至臀围大到后裆大连接画顺。

（14）后省。

3）零部件制图

（1）前袋布（见图6-3）。

（2）袋垫（见图6-4）。

（3）门襟（见图6-5）。

（4）腰（见图6-6）。

（5）里襟（见图6-7）。

6.女西裤放缝图（见图6-8）

7.女西裤排料图（见图6-9）

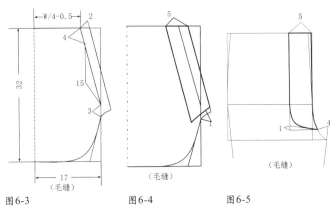

图6-3　　　　图6-4　　　　图6-5

图6-6

 试一试

按1：1和1：5比例制出女西裤的结构图，规格不变。

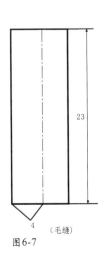

图6-7

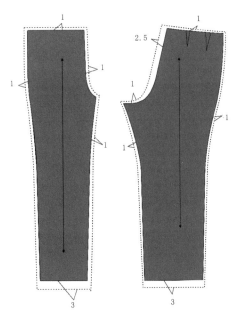

图6-8

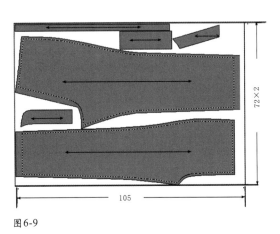

图6-9

知识链接

1.后裆缝斜度的确定及后裆缝斜度与后翘的关系

后裆缝斜度是指后缝上端处的偏进量，后裆缝斜度大小与臀腰差的大小，后裤片省的多少，省量大小，裤的造型（紧身、适身、宽松）等诸因素有关。

臀腰差越大，后裆缝斜度越大，反之越小。后裤片一个省或省量较小时，后裆缝斜度酌情增加；后裤片两个省或省量较大（包括收裥）时，后裆缝斜度酌情减小。从西裤的造型上看，宽松型西裤由于适体度要求不高而臀围放松量较大，因此，后缝斜度小于适身型西裤，而紧身型由于适体度要求高而大于适身型西裤。

后翘是与后裆缝斜度并存的，如果没有后翘则后裆缝拼接后产生凹角，因此，后翘是使后裆缝拼接后后腰口顺直的先决条件，后裆缝斜度与后翘成正比。

2.裥、省与臀腰围差的关系

（1）双裥双省式：前片收双裥，后片收双省，适应臀腰差偏大的体型，一般臀腰差在25 cm以上。

（2）单裥单省式：适应臀腰差适中的体型，一般臀腰差为20~25 cm。

（3）无裥式：适应臀腰差偏小的体型，一般臀腰差在20 cm以下。

其他如双裥单省式或单裥双省式等，根据具体的臀腰差合理地进行处理。此外，款式因素也是西裤裥、省多少的决定条件之一。

3.后片裆缝低落数值的确定

后片裆缝低落数值是因后下裆缝实际斜度大于前下裆缝线引起的，由此造成后下裆缝线长于前下裆缝线，以后裆缝线低落一定数值来调节前后下裆缝线的长度，低落数值以前后下裆缝线等长即可，同时要考虑面料因素、采用的工艺方法等。

（二）男西裤

1.男西裤的款式图与款式特征

此款裤腰为装腰型直腰。前裤片腰口左右反折裥各1个，前袋的袋型为斜插袋，后裤片腰口左右各收省2个，后裤片左右各一个单嵌线袋，前中门里襟装拉链，裤带袢7根，如图6-10所示。

图6-10

2.测量要点

(1) 裤腰围的放松量：一般在1~2 cm。

(2) 臀围的放松量：一般在7~10 cm。

3.制图规格 (见表6-2)

表6-2   单位：cm

号/型	部位	裤长 (L)	腰围 (W)	臀围 (H)	裆深	中裆	脚口	腰宽
170/74A	规格	103	76	100	28	22	21	4

4.结构制图 (见图6-11)

1) 前裤片制图

(1) 基本线。

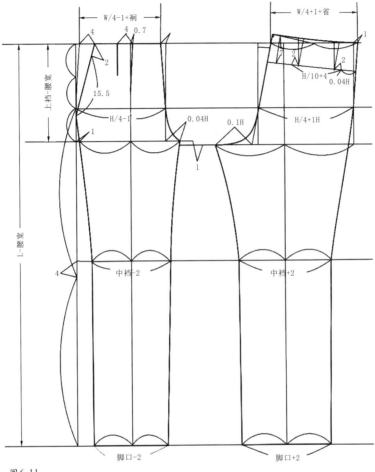

图6-11

(2) 下平线：与基本线垂直相交。

(3) 上平线：取L-腰宽，与下平线平行。

(4) 裆深线：由上平线量下，取上裆-腰宽。

(5) 臀高线：取上裆1/3处，由裆深量上，与上平线平行。

(6) 中裆线：按臀围线至下平线1/2处向上抬高4 cm，平行于上平线。

(7) 前臀围大：臀高线上，与侧缝直线为起点，取H/4-1画线，平行于基本线。

(8) 前裆宽：在裆深线上，以前裆直线为起点，向外量0.04H。

(9) 前烫迹线：在裆深与基本线交点内量1 cm处至前裆宽，分成两等份，与基本线平行。

(10) 前腰围大：取W/4-1+裥（4 cm）。

(11) 前脚口大：脚口大-2 cm，以烫迹线为中点两边平分。

(12) 前中裆大定位：中裆大-2 cm，以烫迹线为中点两边平分。

(13) 前侧缝弧线：由上平线与前腰围大交点至脚口大连接画顺。

(14) 前下裆弧线：由前裆宽与脚口大连接画顺。

(15) 前裆缝线：前裆内劈1 cm，与臀围大至前裆宽连接画顺。

(16) 前折裥：裥大4 cm。

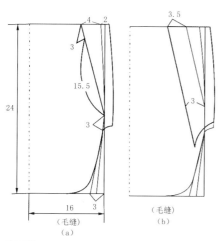

图6-12

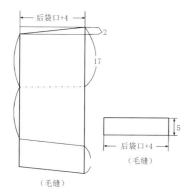

图6-13

图6-14

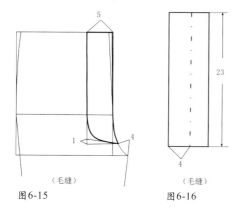

图6-15　　图6-16

2) 后裤片制图

(1) 延长下平线、中裆线、臀高线、上平线。

(2) 后裆深线：前裆深低落1 cm，作前裆深平行线。

(3) 后臀围大：在臀高线上，以后侧直线为起点，取H/4+1宽度画线。

(4) 后裆缝斜度：在后裆直线上，以臀围为起点，取比值为15：3.2，作后裆缝斜线。

(5) 后裆宽线：在上裆高线上，以后裆斜度为起点，取0.1H。

(6) 后烫迹线：在上裆高线上，取后侧缝直线至后裆宽线大1/2，作下平线垂线。

(7) 后腰围大：按后侧缝直线偏出1 cm。

(8) 后脚口大：按脚口大+2 cm，以后烫迹线为中点两侧平分。

(9) 后中裆大：按中裆大+2 cm，以后烫迹线为中点两侧平分。

(10) 后侧缝弧线：由上平线与后腰围交点至脚口大连接画顺。

(11) 后下裆缝弧线：由后裆宽线至脚口大连接画顺。

(12) 后腰缝线。

(13) 后裆缝弧线：腰口起翘至臀围大到后裆大连接画顺。

(14) 后袋：后袋大H/4+10 cm。

(15) 后省：后省各2 cm。

3) 零部件制图

(1) 前袋布（见图6-12 (a) ）。

(2) 前袋垫（见图6-12 (b) ）。

(3) 后袋布、袋垫、嵌线（见图6-13）。

(4) 皮带袢（见图6-14）。

(5) 门襟（见图6-15）。

(6) 里襟（见图6-16）。

(7) 腰（见图6-17）。

5.男西裤放缝图（见图6-18）

6.男西裤排料图（见图6-19）

图6-17

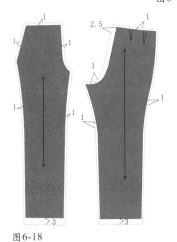

图6-18

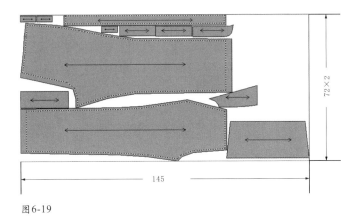

图6-19

练一练

按1:5比例制出男西裤的结构图,规格不变。

按1:5比例制出牛仔裤的结构图,规格不变。

(三)男西短裤

1.男西短裤的款式图与款式特征

此款裤腰为装腰型直腰。前裤片腰口左右反折裥各1个,前袋的袋型为斜插袋,后裤片腰口左右各收省2个,后裤片左右各一个单嵌线袋,前中门里襟装拉链,裤带袢7根,如图6-20所示。

2.测量要点

(1) 裤腰围的放松量:一般在1~2 cm。

(2) 臀围的放松量:一般在7~10 cm。

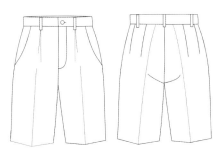

图6-20

3.制图规格 (见表6-3)

表6-3　　　　　　　单位:cm

号/型	部位	裤长(L)	腰围(W)	臀围(H)	裆深	脚口	腰宽
170/74A	规格	45	76	100	28	30	4

4.结构制图 (见图6-21)

练一练

按1:5比例制出西短裤的结构图,规格不变。

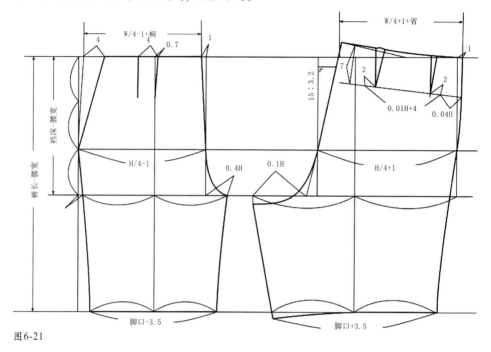

图6-21

二、牛仔裤

1.牛仔裤的款式图与款式特征

此款裤型为贴体紧身,裤腰为装腰型直腰。前裤片无裥,前袋袋型为月亮袋,前中开门装拉链。后片拼起翘,后贴袋左右各一个,皮带袢7根,如图6-22所示。

2.测量要点

(1) 臀围的放松量:放松量不宜过大,在4 cm左右。

(2) 裆深的测量:应比适身型稍短。

3. 制图规格 (见表6-4)

4. 结构制图 (见图6-23)

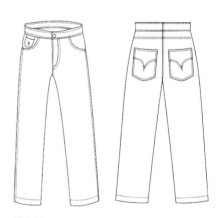

图6-22

表6-4　　　　　　　　　　　　　　单位:cm

号/型	部位	裤长(L)	腰围(W)	臀围(H)	裆深	中裆	脚口	腰宽
170/74A	规格	101	78	92	26	19	19	4

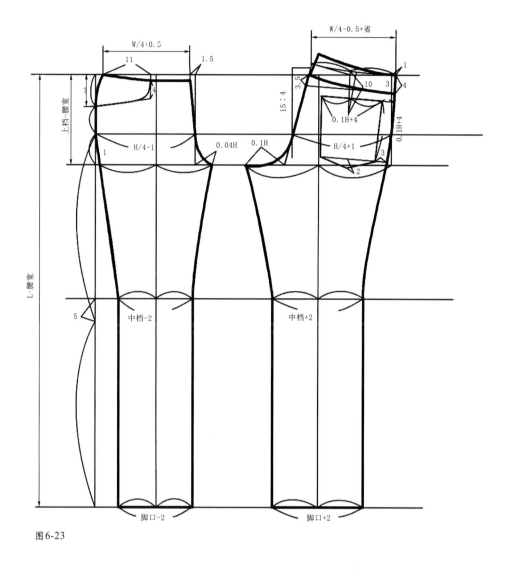

图6-23

三、裙裤

1.裙裤的款式图与款式特征

此款裤腰为装腰型直腰。前裤片腰口左右各2个省,后裤片腰口左右各收省2个,侧缝开门,钉4粒纽扣,如图6-24所示。

2.测量要点

(1) 裤腰围的放松量:一般在1~2 cm。

(2) 臀围的放松量:一般在6~10 cm。

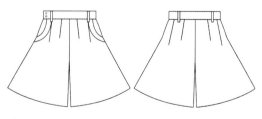

图6-24

3.制图规格 (见表6-5)

4.结构制图 (见图6-25)

表6-5 单位:cm

号/型	部位	裤长 (L)	腰围 (W)	臀围 (H)	裆深	腰宽
160/66A	规格	51	68	96	28	4

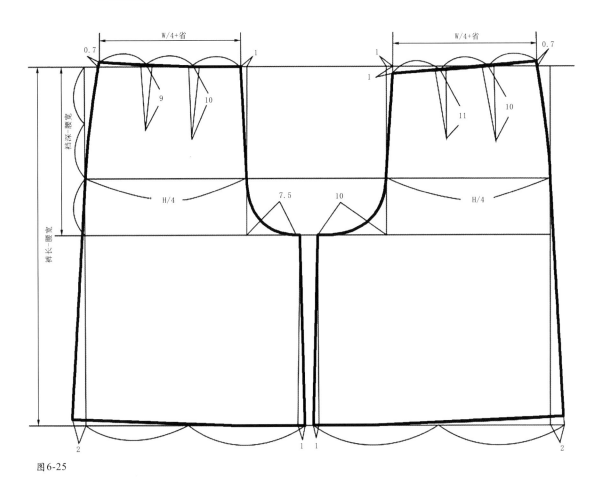

图6-25

练一练

按1:5比例制出裙裤的结构图,规格不变。

学习评价

学习要点	我的评分	小组评分	老师评分
会男、女西裤的结构制图 (60分)			
会裤子前片、后片、零部件的结构制图 (20分)			
会牛仔裤、男西短裤、裙裤的结构制图 (20分)			
总　分			

学习任务七
衬衫结构制图

[学习目标] 能完成基本女衬衫、变化女衬衫、男衬衫、变化男衬衫的结构制图，能完成基本女衬衫、男衬衫的排料图等。

[学习重点] 制图中弧线的画顺，主次分明，前后片以及零部件的相关线条的吻合，袖窿弧线、袖子袖山深的确定和袖山弧线的制图。

[学习课时] 6课时。

一、基本女衬衫

1.款式特点及外形图

领型为小方（圆）领，前片收横省，前后片收腰省，前中开襟钉组5粒，前后片腰节处略吸腰，袖型为一片式长袖，袖口直衩条、装袖头，袖头上钉组1粒。适身合体，简洁大方，对中青年女性尤为适宜，如图7-1所示。

2.测量方法及要点

（1）衣长：由颈肩点通过胸部最高点，向下量到虎口手腕的1/2处。

（2）胸围：腋下通过胸围最丰满处，水平围量一周，加放8~10 cm。

（3）颈围：颈中最细处围量一周，然后加放2~3 cm

（4）腰节长：一般通过实际测量获得，从颈肩点起经过胸高点，量到腰的最细处，也可按身高（号）的1/4计算。

（5）总肩宽：从后背左肩端点量至右肩端点，加放0~1 cm。

（6）袖长：肩端点向下量至手腕到虎口的2/3处。

图7-1

3.制图规格设计 （见表7-1）

表7-1   单位：cm

号/型	部位名称	衣长	胸围	领围	肩宽	袖长	前腰节长
160/84A	部位代号	L	B	N	S	SL	FWL
	净体尺寸		84	35	39		39
	加放尺寸		12	3	1		
	成品尺寸	64	96	38	40	54	39

4.女衬衫前后衣片、袖片、领片结构制图

1) 前衣片框架（见图7-2）

(1) 前中线（止口线）：首先画出基础直线，预留挂面宽6 cm。

(2) 底边线：作一直线与前中线垂直。

(3) 上平线：从底边线向上量衣长64 cm，作一直线与前中线垂直。

(4) 落肩线：从上平线向下量$B/20=4.8$ cm。

(5) 胸围线：从落肩线向下量$B/10+9$ cm$=18.6$ cm。

(6) 腰节线：从上平线量下前腰节长39 cm。

(7) 领口深线：由上平线量下$N/5$。

(8) 叠门线：从止口线量进2 cm。

(9) 领口宽线：从叠门线量进$N/5-0.3=7.3$ cm。

(10) 前肩宽：从叠门线量进$S/2-0.7$ cm$=19.3$ cm。

(11) 前胸宽：从叠门线量进$1.5B/10+3$ cm$=17.4$ cm，从袖窿深2/3处量出。

(12) 前胸围大：从叠门线量进$B/4=24$ cm，作一直线与叠门线平行，在胸围线上提高2.5 cm。

2) 前衣片弧线及内部结构制图（见图7-2）

(1) 领口弧线：见图弧线画顺。

(2) 横省：在胸围线上取前胸宽的中点，与胸围线抬高2.5 cm处相连，从该点量下8 cm为横省位置，省大2.5 cm，省长距胸宽中点5 cm。

(3) 袖窿弧线：由肩端点经胸宽点至胸围线抬高处，用弧线画顺。

(4) 摆缝线：按前胸围大在腰节处凹进1.5 cm，下摆放出1.5 cm，起翘1 cm，用弧线画顺。

(5) 底边弧线：由下摆放出至止口线，用弧线画顺。

(6) 扣眼位：在叠门线上，第一扣眼位距领口深线1 cm，最末一扣眼在腰节线以下，前腰节长/5=7.6 cm处，5只扣眼四等分。

(7) 前腰省：从叠门线量进，前胸宽的$1/2+0.7$ cm，画与叠门线平行的直线，上省尖离胸围线下5 cm，下省尖离腰节线下11.3 cm，省肚大2 cm。

3) 后衣片框架（见图7-2）

上平线、底边线、胸围线、腰节线均由前衣片延长。

(1) 背中线：垂直相交于上平线和底边线。

(2) 领口深线：由上平线量下2 cm。

(3) 落肩线：由上平线量下$B/20-1=3.8$ cm。

(4) 领口宽线：从背中线量出$N/5-0.5$ cm$=7.1$ cm。

(5) 后肩宽：从背中线量进$S/2=20$ cm，与肩颈点相连为肩斜线。

(6) 后背宽：从背中线量进$1.5B/+4=18.4$ cm，在袖窿深2/3处量出，作一直线与背中线平行。

(7) 后胸围大：从背中线量进$B/4=24$ cm，作一直线与背中线平行。

4) 后衣片弧线及内部结构制图（见图7-2）

(1) 领口弧线：由领口宽的1/3起至肩颈点，用弧线画顺。

(2) 袖窿弧线：由肩端点起，经过背宽点至后胸围大，用弧线画顺。

(3) 摆缝线：按后胸围大在腰节处凹进1.5 cm，下摆放出1 cm，底边与前片起翘并齐。

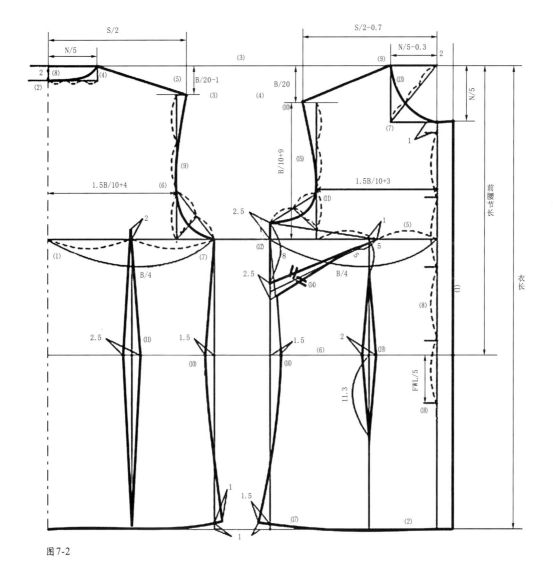

图7-2

（4）腰省：后背宽的1/2，画与背中线平行的直线，省尖上至胸围线提高2 cm，省肚大
2.5 cm，下省尖通底。

5）长袖袖片框架制图（见图7-3）

（1）袖中线：与布边平行。

（2）上平线：与袖中线垂直。

（3）袖口线：从上平线量下等于袖长−袖头宽。

（4）袖山深线：从上平线量下B/10+1.5 cm。

（5）前袖斜线：由袖山中点量出AH/2与袖山深线相交，作一直线与袖中线平行。

（6）后袖斜线：由袖山中点量出AH/2+0.5 cm与袖山深线相交，作一直线与袖中线平行。

（7）袖山弧线：用弧线画顺。

（8）袖底缝线：前后袖口取袖肥的3/4与前后袖肥大相连。

（9）袖口缝弧线：前袖口中间凹进0.3 cm，后袖口中间凸出0.5 cm，用弧线画顺。

（10）袖衩：位置在后袖口大中间，袖衩长8 cm。

（11）袖头：长B/5+2=21.2 cm，宽4 cm。

6）长袖片弧线及内部结构制图（见图7-3）

7）短袖袖片结构制图（见图7-4）

8）领结构制图（见图7-5）

5.女衬衫的放缝示意图（见图7-6）

6.女衬衫的排料示意图（见图7-7）

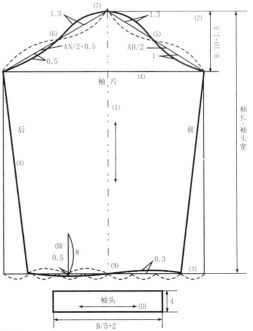

图7-3

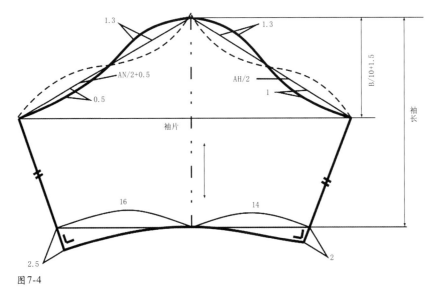

图7-4

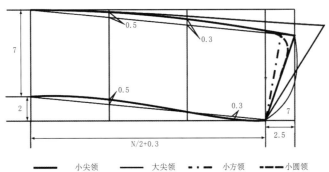

图7-5

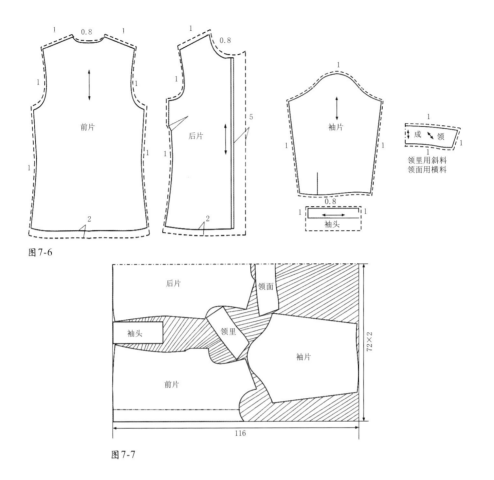

图7-6

图7-7

7.款式变化实例

1) 小腰身男式衬衫领短袖衬衫

（1）款式特征：领型为男式衬衫领，前中开襟，门襟外翻贴边，单排扣，钉纽5粒，前后片左右各一弧线分割线，侧缝腰节处略吸腰，袖型为一片式短袖，如图7-8所示。

（2）制图规格及设计（表7-2）。

（3）结构制图（见图7-9）其短袖同基本女衬衫短袖。

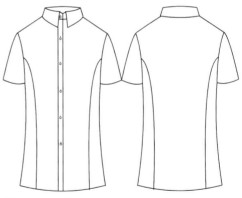

图7-8

表7-2   单位：cm

号/型	部位名称	衣长	胸围	领围	肩宽	袖长	前腰节长
	部位代号	L	B	N	S	SL	FWL
160/84A	净体尺寸		84	35	39		39
	加放尺寸		8	2	1		
	成品尺寸	60	92	37	39	24	39

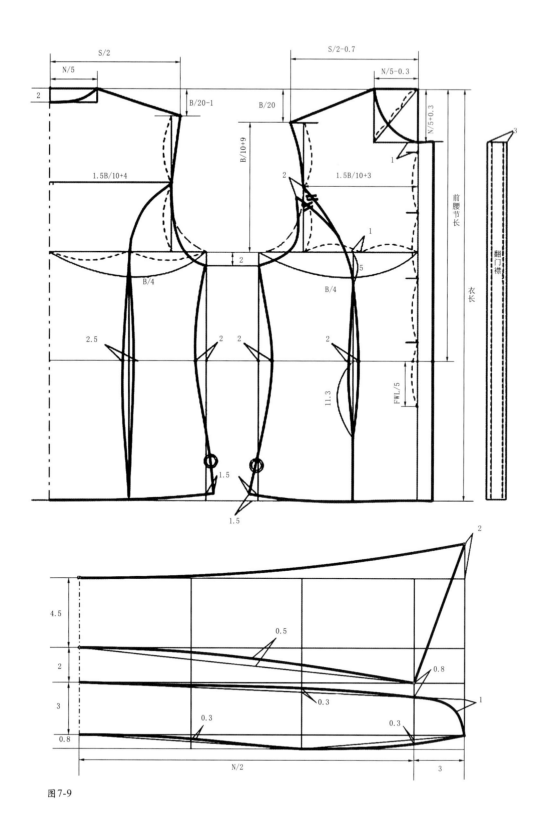

图7-9

2) 泡泡袖收腰女衬衫

(1) 款式特征：这款女衬衫衣长较短，领子较宽，为塌领。前中开襟，单排扣，钉组5粒。前衣片腰节收3个省，较紧身，后衣片收腰省通底。袖子为中袖泡泡袖，袖口向外翻贴边。领和袖口贴边可用不同颜色面料裁配，如图7-10所示。

(2) 制图规格及设计（见表7-3）。

(3) 结构制图（见图7-11）。

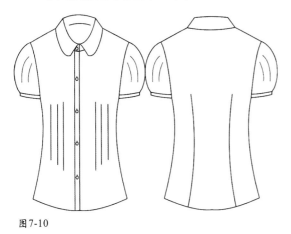

图7-10

? 想一想

衬衫前片、后片制图中的基准线各是几条？

～ 试一试

（1）按教材款式，用1∶1与1∶5的比例，完成基本女衬衫、变化女衬衫制图各一张。

（2）按教材款式，用1∶5的比例完成基本女衬衫的排料图。

表7-3　　　　　　　　　　　　　　　　　　　　　　　　　　　单位：cm

号/型	部位名称	衣长	胸围	领围	肩宽	袖长	前腰节长	肘长	袖口
160/84A	部位代号	L	B	N	S	SL	FWL		
	净体尺寸		84	35	39		39		
	加放尺寸		8	2	1				
	成品尺寸	56	92	37	39	24	39	29	13

••• 知识链接

衬衫是指女性上体穿用的衣着。衬衫的基本结构一般由前后衣片、衣袖、衣领等组合而成，其式样变化繁多，随着流行趋势的发展，不断有新颖款式问世，女衬衫式样的变化尤为显著。

女衬衫的造型创新和变化主要表现在衣身、衣袖和衣领等部位。以衣身来讲，主要是开襟部位和下摆造型的变化，现在也流行分割缝的变化。衣袖以独片袖为主，从长度上区分，有长袖、中袖、短袖；从类型上区分，有无袖、套肩袖、圆装袖等；独片式袖又可分为袖口装袖头、平袖口及收肘省等。衣领变化，主要有无领、坦领、立领、翻驳领等，而领型的具体式样，领角的长短宽窄、方圆尖曲等，视流行趋势而定。

衬衫一般把以下控制部位作为制图时的主要依据，即衣长、袖长、前后腰节长、领围、腰围、胸围及肩宽。

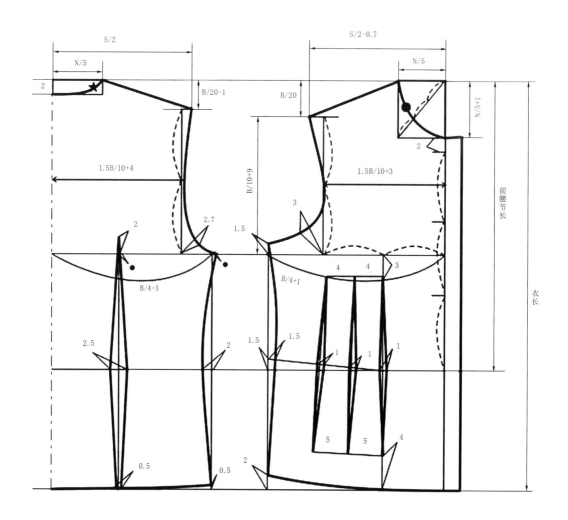

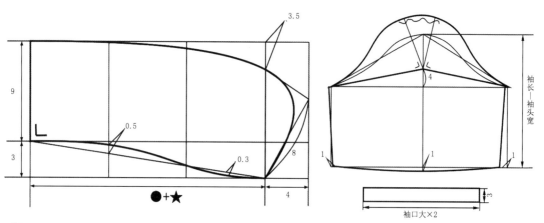

图7-11

（1）前衣片下摆放出1.5 cm，底边起翘1 cm，后片底边线也相应提高，下摆放出0.5～1 cm。下摆放出的量主要是由臀围的大小及款式的造型决定。底边起翘由女性体型胸部的凸出和臀围的大小决定，要使摆缝与底边线之间的夹角画成直角，下摆放出量越大，起翘量也越大。

（2）后小肩线略长于前小肩线的原因是通过后小肩的略收缩，满足人体肩胛骨隆起及前肩部平挺的需要。后小肩线略长于前小肩线的控制数值与人体的体型、面料的性能及省缝的设置有关，一般控制在0.5～1 cm。

（3）后衣片上平线可按前片上平线延长，根据人体背长的不同，后片上平线可提高1 cm左右。

（4）上衣胸省的定位。上衣胸省的位置可以变化，常见有8个方位：肩省、袖窿省、腋下省、斜横省、腰节省、前中腰省、育克省、领口省。凡上衣的省的尖部对准B.P.点（胸部最高点）所以以B.P.点为中心，360°方位内均可设计省位。对于确定的体型，只要设计出一个方位的省，转移到其他位置均可，如图7-12所示。

（5）剪叠法的衣省移位：先在基型上确定省位置，然后在新省处剪开纸型，由原来横省C转移到肩省，并将原来腋下省两边叠合在一起，即C与C′点重合，新省处自然打开，呈等腰三角形缺口状态，这个新缺口就是转移后的省道，当然腋下省与新肩省所含的角度是相等的，隆起也相同，如图7-13所示。特别注意是：止口线B.P.点以下段纱向不能改变。

 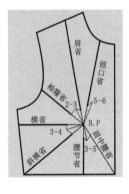

图7-12

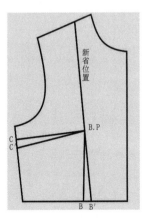 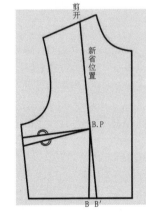 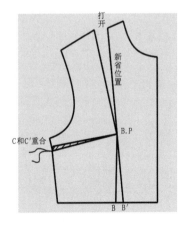

图7-13

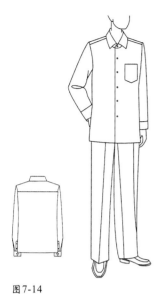

图7-14

二、男衬衫

1.款式特点及外形图

领型为男式衬衫领,前中开襟,单排扣,钉纽6粒,左前片设一胸贴袋,后片装过肩,平下摆,侧缝直腰型,袖型为一片袖,袖口收折裥2个,袖口装袖头,袖头上钉纽1粒,袖子做暗包缝,袖底和摆缝做明包缝,如图7-14所示。

2.制图规格及设计(见表7-4)

3.结构制图(见图7-15)

4.男衬衫放缝图(见图7-16)

5.男衬衫排料图(见图7-17)

知识链接

男衬衫的特点是平整挺直,既可作为内衣与西服搭配穿着,也可在夏季作为外衣穿着,是各年龄、各阶层男性的日常服装之一。

表7-4 单位:cm

号/型	部位名称	衣长	胸围	领围	肩宽	袖长	前腰节长
	部位代号	L	B	N	S	SL	FWL
170/88A	净体尺寸		88	36.8	43.6		
	加放尺寸		22	2.2	2.4		
	成品尺寸	71	110	39	46	59.5	42.5

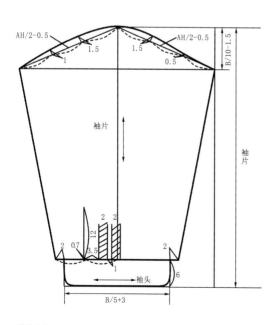

图7-15

6.款式变化实例——圆下摆短袖男衬衫

1) 款式特点

领型为尖式立翻领,前中翻门襟,单排扣,钉纽6粒,前片左右各设一胸贴袋,后片装过肩,腰节处略吸腰,圆下摆,袖型为一片式短袖,如图7-18所示。

2) 制图规格及设计(见表7-5)

3) 结构制图(见图7-19)

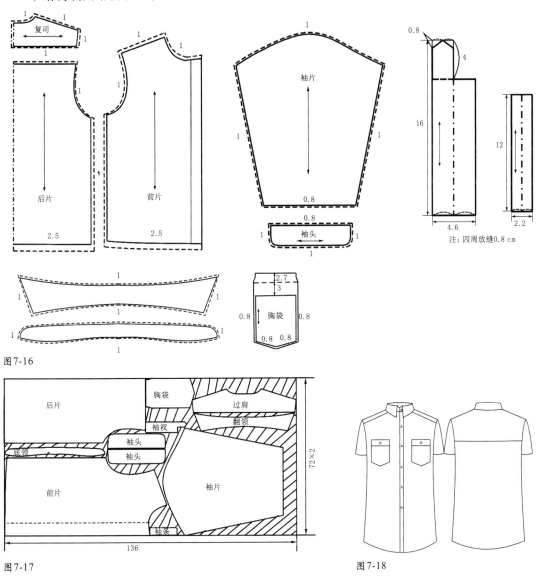

图7-16

图7-17

图7-18

表7-5   单位:cm

号/型	部位名称	衣长	胸围	领围	肩宽	袖长	前腰节长
	部位代号	L	B	N	S	SL	FWL
170/88A	净体尺寸		88	36.8	43.6		
	加放尺寸		22	2.2	2.4		
	成品尺寸	71	110	39	46	24	42.5

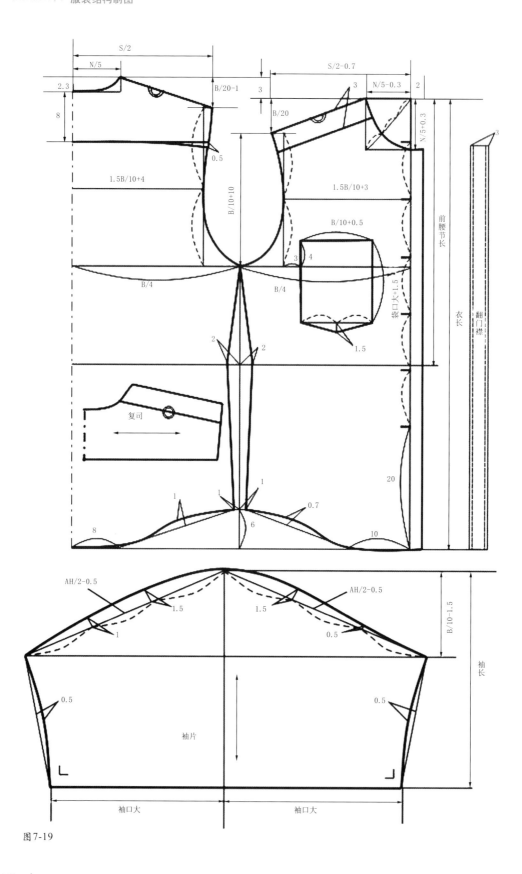

图7-19

想一想

第一粒纽到第二粒纽与其他纽位相比，距离稍短的原因是什么？

试一试

（1）按教材款式，用1∶1与1∶5的比例，完成基本男衬衫、变化男衬衫制图各一张。

（2）按教材款式，用1∶5的比例完成基本男衬衫的排料图。

知识链接

1.过肩

过肩又称复势，一直是男衬衫采用的形式，本任务制图中采取的是将前片肩部分割，然后与后肩拼合的方法，既直观又容易理解，至于过肩的宽度，不作统一要求，可根据流行趋势和需要自行设定。

2.短袖衬衫的袖口处理

同为短袖造型，有时袖口呈直线形，有时又呈弧线形，其原因是与袖肥宽和袖口线的夹角有关。夹角越大于90°，越容易使袖底线处的袖口产生凹角，将袖口线处理成弧形，可较好地弥补凹角。袖口越大，袖底线的斜度越小，可将袖口线处理成直线形，而在袖底线处略带弧形，以保证袖口线与袖底线呈90°。从以上的处理方法中可以看出，为了使袖口与袖底线呈90°，采取了两种不同的处理方法，即改变袖口线的形状或改变袖底线的形状，但它们所要达到的目的是一致的，只是方法不同而已。

学习评价

学习要点	我的评分	小组评分	老师评分
会基本女衬衫、变化女衬衫、男衬衫、变化男衬衫的结构制图 (60分)			
能完成基本女衬衫、男衬衫的排料图 (20分)			
会袖窿弧线、袖子袖山深的确定和袖山弧线的结构制图 (20分)			
总　　分			

学习任务八
连衣裙、旗袍结构制图

[学习目标] 学会连衣裙、旗袍的基本结构制图，同时通过市场考察、网上查询，结合流行趋势，加深对其基本结构制图的理解，掌握款式变化的基本原理及方法。

[学习重点] 掌握关键部位的制图方法和制图公式，并通过市场考察结合流行款式的结构制图分析及演练来加深理解。

[学习课时] 6课时。

一、连衣裙

1.连衣裙的概念

连衣裙又称连衫裙，是指上衣与裙子连接在一起的服装。连衣裙可分为接腰型和连腰型两种。接腰型按接的位置的不同又可分为低腰型、中腰型、高腰型等；而连腰型可分为收腰式、扩展式（胸部以下向外扩展）、直腰式等。此外，可将上衣及裙的结构变化融入连衣裙的款式变化之中，因此，连衣裙在各种款式造型中被誉为"款式皇后"。

2.制图依据

1) 款式图与外形概述

（1）款式特征：此款为中腰接腰型盖袖（俗称飞蛾袖）连衣裙。领型为无领式梯形领。上衣为前片侧缝处收侧胸省、袖窿省，前后腰节收腰省，如图8-1所示。裙子为六片裙，右侧缝装拉链，位置在袖窿深线下至臀高线之间。领口、袖口、下摆缉明线。

（2）适用面料：以薄型为主，如棉布类、富春纺、亚麻等。根据穿着季节的不同，也可选择稍厚的面料，如凡立丁、女衣呢等。

2) 测量要点

（1）衣长的测量：由于款式为中腰型，接的部位在中腰，因此衣长即为前腰节长。

（2）裙腰围放松量：由于是连衣裙，裙腰围的放松量应大于半截裙，一般以净腰围再加放5 cm以上为宜。

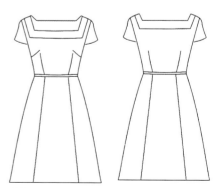

图8-1

3) 制图规格 (见表8-1)

表8-1　　　　　　　　　　　　　　　　　　单位：cm

号/型	部位	衣长	胸围	领围	腰围	肩宽	袖长	前腰节长	裙长	臀围	胸高位
160/84A	规　格	100	90	36	72	39	8	39	61	96	24

3. 结构制图

(1) 连衣裙前后衣片框架制图 (见图8-2)

(2) 连衣裙前后裙片框架制图 (见图8-3)

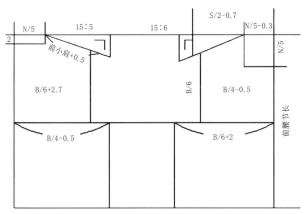

图8-2

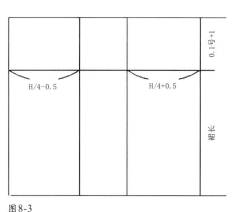

图8-3

浪漫粉色

　　如果想让自己年轻5岁，那么粉色是绝对的首选。《律政俏佳人》的Elle Woods告诉人们，穿粉色裙子的女孩不仅美丽，更有过人的智慧和幽默感。LV, Valentino, John Galliano 都以不同浓淡程度的粉色向这一女性色彩表达各自的想法。LV的女孩来自田园，淡定中充满亲切感，Valentino 则将公主独享的粉色以最高贵的形式表现出来，John Galliano 继续发挥他的鬼才功力，丝绸的粉色连衣裙上增添了水墨的涂鸦，在大大削弱了柔美度的同时，一种冷艳的美摄人心魄。

(3) 连衣裙前后衣片结构制图 (见图8-4)

(4) 连衣裙前后裙片结构制图 (见图8-5)

想一想

　　胸、腰围合体，下摆宽松的连衣裙胸、腰围放松量一般应分别加放多少？

试一试

　　按1：5比例制图，款式改梯形领为"U"字领，接腰型改为连腰型。

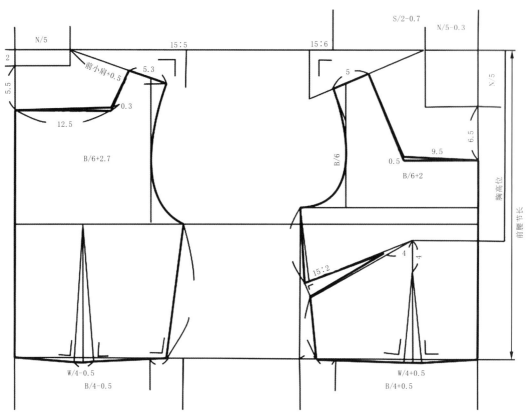

图8-4

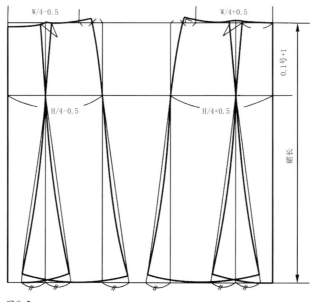

图8-5

1.A字裙

侧缝由胸围处向下展开至裙底摆，外形似A字，由法国时装设计师C.迪奥尔于1955年推出。A字形夸张下摆，由修饰肩部形成。由于A字形的外轮廓从直线变成斜线而增加了长度，进而达到了高度上的夸张，是女装常用的外形，具有活泼、潇洒、充满青春活力的造型风格。

2.露背裙

背裸露至腰，形式多样。宜选用柔软、悬垂效果好的面料裁制。19世纪中期在欧洲贵族妇女中盛行一时，20世纪80年代再度流行。

3.礼服裙

礼服裙或称晚礼服裙。通常肩、领设计较低，裙摆宽大，裙长及踝。多用华贵的绸缎、丝绒等面料裁制，并装饰花边、缎带。

4.公主裙

上身合体，下摆稍展宽，无腰节缝。因采用公主线裁剪方法而得名。公主裙系法国时装设计师C.F.沃思为欧仁妮公主所设计，从肩至下摆呈一线纵向裁剪，由6块裙片组成。

4.制图要领与说明

接腰型连衣裙，按其接的位置不同可分为低腰型、中腰型和高腰型。

(1) 低腰型：剪接位置低于人体腰部，一般在臀高线上下波动。

(2) 中腰型：剪接位置在人体腰部，是最常见的式样。

(3) 高腰型：剪接位置高于人体腰部，一般在胸围线至腰围线之间上下波动。

无论采用何种方式，都力求比例协调，给人以平衡感、美感。

二、旗袍

1.旗袍的概念

旗袍，原指我国满族妇女穿着的一种长袍。旗袍是一种内与外和谐统一的典型民族服装，被誉为中华服饰文化的代表。如今所见的旗袍较前已有了很大的改进，它以其流动的旋律、潇洒的画意与浓郁的诗情，表现出中华女性贤淑、典雅、温柔、清丽的性情与气质。

2.制图依据

1) 款式图与外形概述

(1) 款式特征：领型为中式立领，前片收袖窿省、侧胸省及腰胸省，后片收腰省，后设背缝，偏襟（装饰），钉两对琵琶扣，后中装拉链，两边开摆衩，无袖（肩稍窄），滚边，如图8-6所示。

(2) 适用面料：棉布类、丝绸、锦缎等。

2) 测量要点

(1) 胸围放松量：净胸围加放4～6 cm。

(2) 腰围放松量：净腰围加放3～5 cm。

(3) 臀围放松量：净臀围加放4～6 cm。

图8-6

（4）领围放松量：净领围加放1~2 cm。

（5）衣长测量：由颈肩点经胸高点量至所需长度。

3）制图规格（见表8-2）

表8-2

单位：cm

号/型	部位	衣长	胸围（上腰）	腰围（中腰）	领围	臀围	肩宽	前腰节长	胸高位
160/84A	规格	100	90	72	36	96	39	39	24

3.结构制图

（1）旗袍前后衣片框架制图（见图8-7）。

（2）旗袍前后衣片结构、前后领片结构制图（见图8-8）。

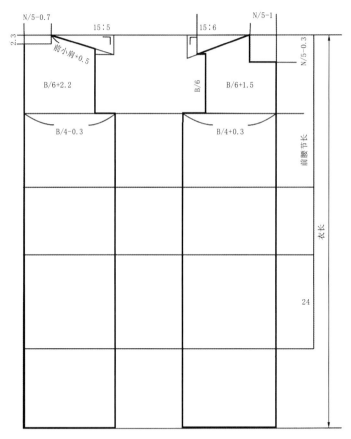

图8-7

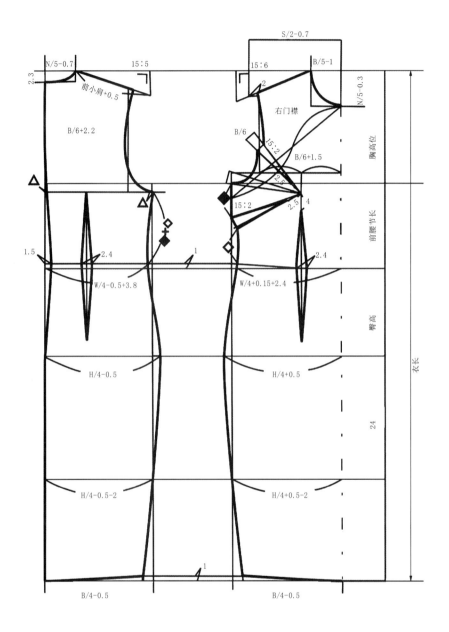

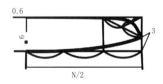

图8-8

试一试

按1：1比例制图，款式改中式立领为滴水中式立领，短袖。

想一想

针对挺胸体女性，旗袍在结构制图时应如何调节？

小知识

旗袍的选购

旗袍在选购时，要注意款式新颖，穿着后不仅优柔素雅、婀娜多姿，同时线条流畅、潇洒大方。另外，应从式样和面料上加以注意：

（1）在式样上，应以大圆襟、立领、装袖、上身和下摆贴身紧俏的式样为佳。其身长一般在小腿之下，长袖的长度到手腕和肘关节中间，中袖长至肘上。

（2）在面料上，宜选购质地柔软、色泽高雅的高级面料。可根据自己的喜爱、打扮风格、身材、职业等情况来选择不同的面料。

知识链接

旗袍是清代的旗人之袍，诞生于20世纪初期，盛行于20世纪30—40年代。行家把20世纪20年代看作旗袍流行的起点，30年代它到了顶峰状态，很快从发源地上海风靡至全国各地。当时上海是上流名媛、高级交际花的福地，奢华的社交生活和追赶时髦，注定了旗袍的流行。由于上海一直崇尚海派的西式生活方式，因此，后来出现了"改良旗袍"。从遮掩身体的曲线到显现玲珑突兀的女性曲线美，使旗袍彻底摆脱了旧有模式，成为中国女性独具民族特色的时装之一。

经过20世纪上半叶的演变，旗袍的各种基本特征和组成元素慢慢稳定下来，旗袍成为一种经典女装，而经典相对稳定。时装千变万化，时装设计师不断从经典的宝库中寻找灵感，旗袍也是设计师灵感的来源之一。

旗袍是近代兴起的中国妇女的传统服装，而并非正式的传统民族服装，它既有沧桑变幻的往昔，更拥有焕然一新的现在，旗袍本身就具有一定的历史意义，加之可欣赏度比较高，因而富有一定的收藏价值，现代穿旗袍的女性虽然较少，但现代旗袍中不少地方仍保持了传统韵味，同时又能体现时尚之美，所以也具有一定的收藏价值。

学习评价

学习要点	我的评分	小组评分	老师评分
会连衣裙、旗袍的基本结构制图 (60分)			
掌握关键部位的制图方法和制图公式 (20分)			
能通过市场考察结合流行款式进行结构制图分析 (20分)			
总　分			

学习任务九
春秋衫、夹克衫结构制图

[学习目标] 掌握春秋衫、夹克衫结构制图的基本原理、方法及步骤,提高对春秋衫变化规律的把握能力。

[学习重点] 掌握春秋衫、夹克衫结构制图的步骤。

[学习课时] 6课时。

一、春秋衫

1.款式特点及外形图

此款为方领、单叠门,前中钉纽5粒,前片左右各一单嵌线开袋,后片设背缝,直腰身平下摆,袖型为圆装两片袖,设袖衩钉装饰扣2粒,造型略宽松,适合中老年人穿着,如图9-1所示。

2.测量方法及要点

(1) 衣长:考虑穿着对象及款式特点,衣长应适中或稍偏长。

(2) 胸围:净胸围加放16 cm左右以满足造型需要。

(3) 肩宽:净肩宽加放1~2 cm。

(4) 领围:考虑穿着层次加放3~5 cm。

3.制图规格及设计 (见表9-1)

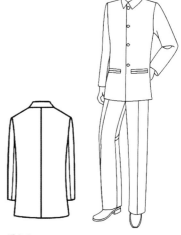

图9-1

表9-1

单位:cm

号/型	部位名称	衣长	胸围	领围	肩宽	袖长	前腰节长	AH
160/84A	部位代号	L	B	N	S	SL	FWL	
	净体尺寸		84	35	39			
	加放尺寸		16	5	2			
	成品尺寸	68	100	40	41	56	40	48

4.结构制图

1) 春秋衫前后片结构制图（见图9-2）

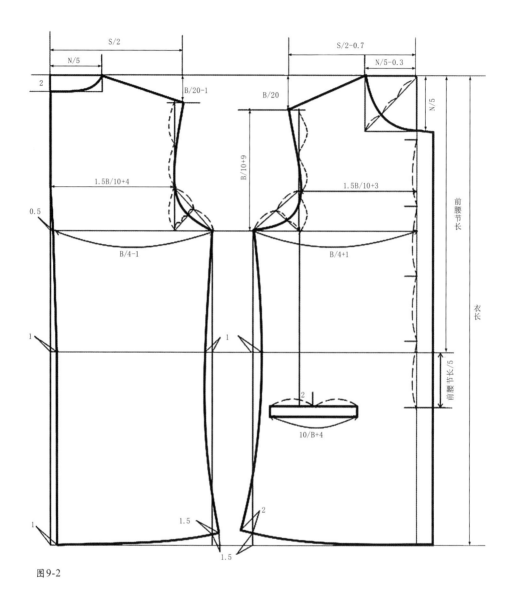

图9-2

2) 春秋衫袖片结构制图（见图9-3）

　(1) 前袖缝基础线：与布边平行。

　(2) 袖口线：与 (1) 垂直。

　(3) 上平线：(2) — (3) 等于袖长56 cm。

　(4) 袖肥大：(1) — (4) 为B/5=20 cm。

　(5) 袖斜线：由 (3) 与 (4) 的交点斜量AH/2+0.3 cm=24.3 cm与 (1) 相交。

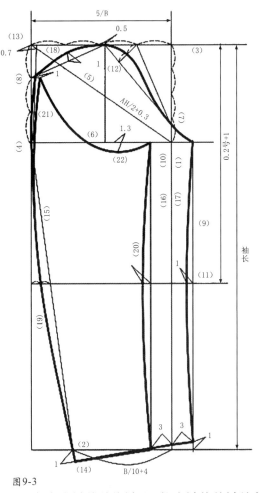

图9-3

(6) 袖山深线：由 (1) 与 (5) 的交点，作一直线与 (1) 垂直。

(7) 将前袖山深四等分。

(8) 将后袖山深3等分，去1/3位置为后袖山线位置。

(9) 大袖片前袖缝基础线：距 (1) 3 cm 为前偏袖量，在外侧作一条直线与 (1) 平行。

(10) 小袖片前袖缝基础线：距 (1) 3 cm 为前偏袖量，在内侧作一条直线与 (1) 平行。

(11) 袖肘线：从上平线取0.2号+1 cm平行于上平线。

(12) 袖中线：在上平线 (3) 上，将袖肥4等分，过中点作一直线与 (1) 平行。

(13) 在 (3) 与 (4) 的交点处量进0.7 cm，与袖山深线处相交。

(14) 袖口大：在袖口线处，前端提高1 cm，后端降低1 cm，由 (1) 起作斜线，量出袖口大B/10+4=14 cm。

(15) 后袖缝基础线：将袖口大和 (4) 与 (6) 的交点相交。

(16) 前袖缝标准线（也称袖标）：按前袖缝基础线 (1)，在袖肘线处凹进1 cm，用弧线画顺。

(17) 大袖片前偏袖线：按大袖片前袖缝基础线 (9)，在袖肘线处凹进1 cm，用弧线画顺。

(18) 袖山弧线：袖山头离袖中线向后袖缝偏0.7 cm，作辅助线。

(19) 大袖片后袖缝弧线：由后袖山线 (8) 劈进处，经袖肘线处 (15) 与 (4) 的中点，至袖口大 (14)，用弧线画顺。

(20) 小袖片前偏袖线：按小袖片前袖缝基础线 (10)，在袖肘线处凹进1 cm，用弧线画顺。

(21) 小袖片后袖缝弧线：在后袖山线 (8) 处，按大袖片后袖缝弧线 (19) 劈进1 cm，其余部位与 (19) 相同，画顺。

(22) 袖底缝线：在小袖片底缝处，用弧线画顺。

3) 领片结构制图（见图9-4）

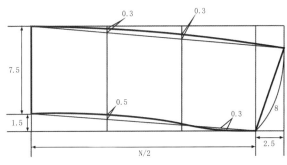

图9-4

5.女春秋衫放缝图及配夹里图　（见图9-5、图9-6)

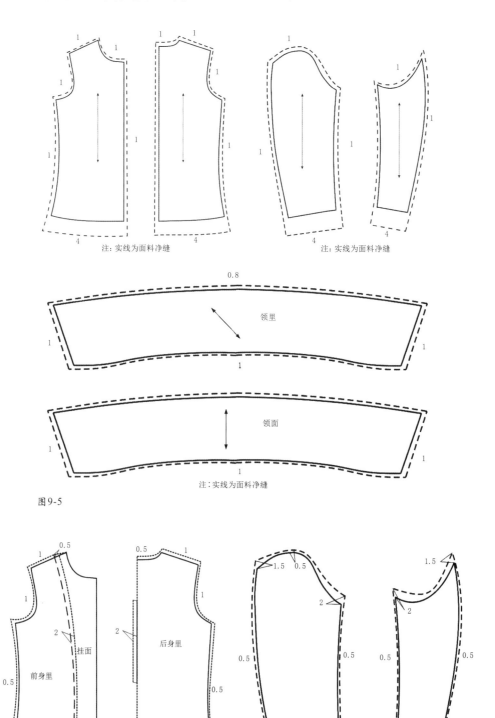

注：实线为面料净缝

注：实线为面料净缝

0.8

领里

领面

注：实线为面料净缝

图9-5

挂面

后身里

前身里

注：实线为面料毛缝

注：实线为面料毛缝

图9-6

6.女春秋衫排料图（见图9-7）

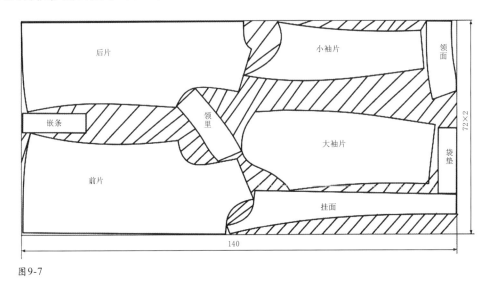

图9-7

7.款式变化实例

1）直线分割春秋衫

（1）款式特征：此款为圆领，单叠门，前中钉纽5粒，前后片衣身直线分割，前片左右各缝袋一个，后片设背缝，直腰身平下摆，袖型为圆装两片袖，设袖衩钉装饰扣2粒，造型宽松，适合中青年人穿着，如图9-8所示。

（2）制图规格及设计（见表9-2）

（3）衣片结构制图（见图9-9）

（4）袖片制图（见图9-10）

（5）领片制图（见图9-11）

图9-8

表9-2   单位：cm

号/型	部位名称	衣长	胸围	领围	肩宽	袖长	前腰节长
	部位代号	L	B	N	S	SL	FWL
160/84A	净体尺寸		84	35	39		
	加放尺寸		12	3			
	成品尺寸	60	96	38	39	56	39

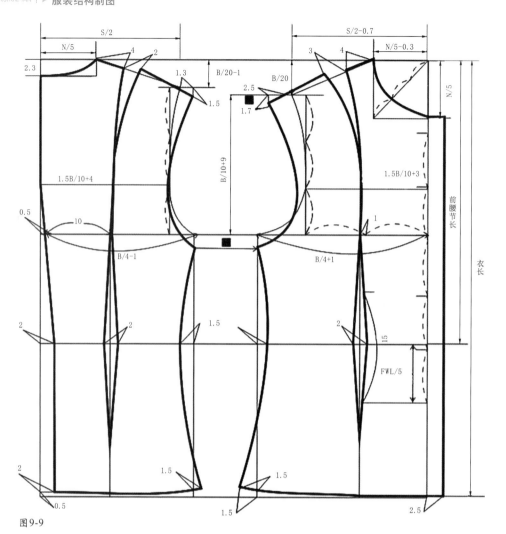

图9-9

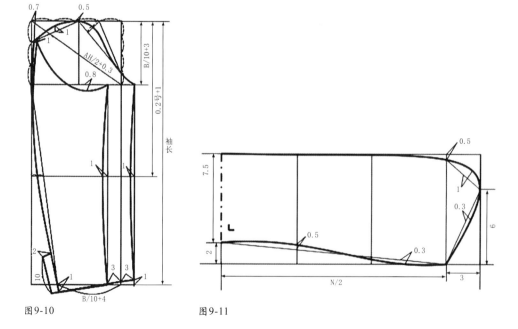

图9-10

图9-11

2）圆领公主分割线女春秋衫

（1）款式特征：领型为圆领，领角均匀收3～4个裥。前后片弧形分割，前中钉纽4粒，门里襟下摆为圆形。后片腰节开背缝，袖型为独片袖（肘部收省），如图9-12所示。

（2）制图规格及设计（见表9-3）

（3）衣片结构制图（见图9-13）

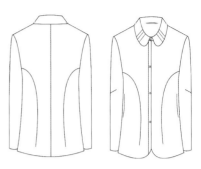

图9-12

表9-3   单位：cm

号/型	部位名称	衣长	胸围	领围	肩宽	袖长	前腰节长
160/84A	部位代号	L	B	N	S	SL	FWL
	净体尺寸		84	35	39		
	加放尺寸		12	3			
	成品尺寸	58	92	38	39	56	39

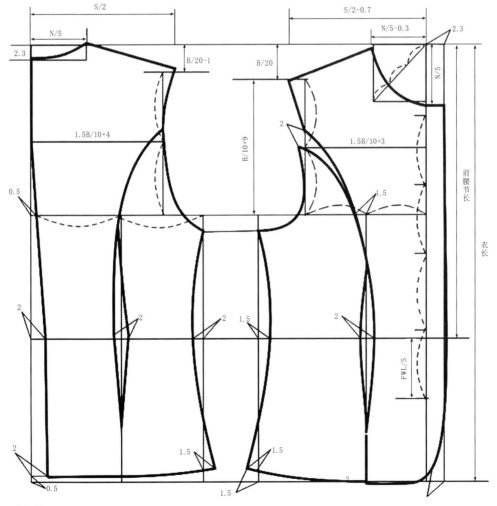

图9-13

（4）袖片制图（见图9-14）

（5）领片制图（见图9-15）

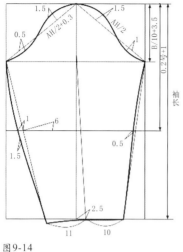

图9-14

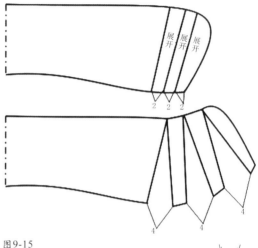

图9-15

二、夹克衫

1.款式特征及外形图

领型为方领，下摆为一般上衣的平下摆，前胸加上一条横向分割线，前片左右两只斜插袋，门襟装拉链，背中分割。袖子较宽松，后袖片有分割线，没有袖头，如图9-16所示。

2.制图规格及设计（见表9-4）

3.衣片结构制图（见图9-17）

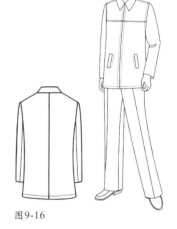

图9-16

表9-4　　　　　　　　　　　　　　　　　　　　　　　　单位：cm

号/型	部位名称	衣长	胸围	领围	肩宽	袖长	前腰节长
170/88A	部位代号	L	B	N	S	SL	FWL
	净体尺寸		88	36.8	43.6		
	加放尺寸		26	5.2	2.9		
	成品尺寸	64	114	42	46.5	60	42.5

4.袖片结构制图（见图9-18）

5.领片结构制图（见图9-19）

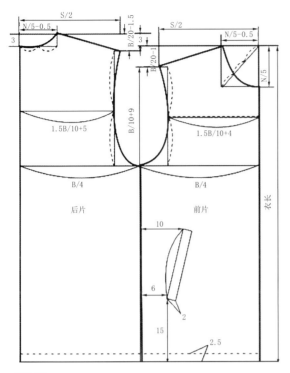

图9-17

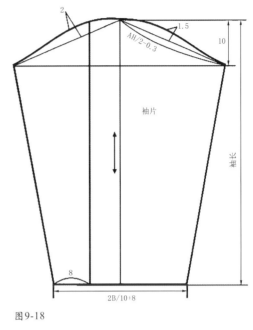

图9-18

6.款式变化实例

方领牛仔女夹克衫

（1）款式特征：关门领领角为方角形，前中开襟钉纽5粒，前后片胸部以上横向分割，装袋盖，胸部以下直线形分割，袖型为一片袖，袖底开衩、装袖头，下摆装登闩，适合面料为牛仔面料、棉型或化纤面料，如图9-20所示。

（2）制图规格及设计（见表9-5）

（3）衣片结构制图（见图9-21）

（4）袖片制图（见图9-22）

（5）领片制图（见图9-23）

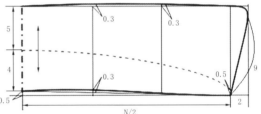

图9-19

图9-20

表9-5   单位：cm

号/型	部位名称	衣长	胸围	领围	肩宽	袖长	前腰节长
160/84A	部位代号	L	B	N	S	SL	FWL
	净体尺寸		84	35	39		
	加放尺寸		8	3			
	成品尺寸	56	92	38	39	56	39

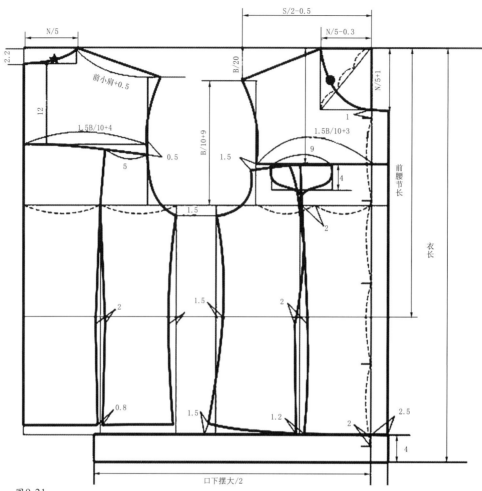

图9-21

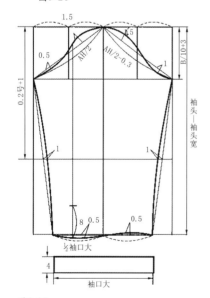

图9-22

想一想

为了衣服的美观、外形的协调统一，前后衣片分割线以及袖片的分割线是否应该保持一致？

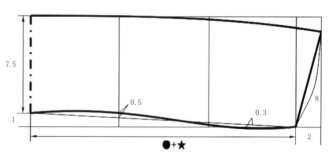

图9-23

 小知识

分割线是女式服装中应用最广的一种结构形式，通过分割，使原有的省融入衣缝中，发挥了实用与装饰的两大功能。分割线的表现形式大致有：

（1）按部位分割：领口、肩缝、袖窿分割。

（2）按方向分割：纵向、横向、斜向分割。

（3）按形式分割：平行、垂直、交错分割。

分割线的数量变化在一片衣片上采用单个分割线较为常见，运用两种或两种以上分割线的，称为组合型分割线。

〜 试一试

（1）按教材款式，用1：1与1：5的比例，完成基本女春秋衫、变化女春秋衫制图各一张。

（2）按教材款式，用1：5的比例完成基本女春秋衫的排料图。

知识链接

衣帽领的结构制图（见图9-24）

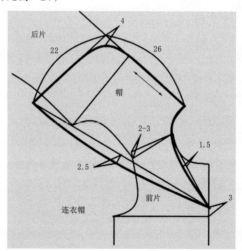

图9-24

学习评价

学习要点	我的评分	小组评分	老师评分
掌握春秋衫结构制图的基本原理、方法及步骤（40分）			
掌握夹克衫结构制图的基本原理、方法及步骤（40分）			
基本把握春秋衫的变化规律（20分）			
总　分			

学习任务十
西服上衣结构制图

[学习目标] 掌握男女西服结构制图的基本原理、方法及步骤,掌握上衣典型款式结构制图的基本知识,提高把握西服变化规律的能力,为西服的结构设计打下基础。

[学习重点] 掌握西服上衣结构制图的步骤。

[学习课时] 10课时。

西装又称"西服""洋装",是一种"舶来文化"。广义上,西装是指西式服装,是相对于"中式服装"而言的欧系服装;狭义上,西装是指西式上装或西式套装。西装通常是企业从业人员、政府机关从业人员在较为正式的场合男士着装的首选。西装之所以长盛不衰,很重要的原因是它拥有深厚的文化内涵,主流的西装文化常常被人们打上"有文化、有教养、绅士风度、有权威感"等标签。

西装一直是男性服装王国的"宠物","西装革履"常用来形容文质彬彬的绅士俊男。西装的主要特点是外观挺括、线条流畅、穿着舒适,若配上领带或领结后,则更显得高雅典朴。另外,在日益开放的现代社会,西装作为一种衣着款式也进入到女性服装的行列,体现女性和男士一样的独立、自信,也有人称西装为女人的千变外套。

一、女西服

1.款式特征及外形

(1)款式特征:平驳领,单排两粒扣,收胸腰省和腋下省,前片做有双嵌线装袋盖开袋,下摆方角,后片开背缝,袖型为二片式圆装袖,袖口开袖衩定装饰纽3粒,如图10-1所示。

(2)适用面料:全毛、毛涤或涤粘呢绒类等。

2.测量方法及要点

(1)衣长:由背部第七颈椎点量至款式所需长度,衣长适中。

图10-1

(2) 胸围：因穿着层次较少、适体要求高等因素，放松量不宜过大，加放松量10～12 cm。

(3) 袖长：由肩骨外端顺手臂下量至腕骨以下3～5 cm。

3.女西服制图规格 （见表10-1）

表10-1

单位：cm

号/型	部位	衣长	胸围	肩宽	前腰节长	袖长	AH
160/84A	规格	64	94	39	39	52	45.2

4.制图步骤

1) 前衣片结构制图（见图10-2）

(1) 前中线：与布边平行。

(2) 上平线：与前中线垂直。

(3) 下平线：等于衣长。

(4) 落肩线：(2) — (4) 为B/20。

(5) 胸围线：(4) — (5) 为B/6+2 cm。

(6) 腰节线：(2) — (6) 前腰节长39 cm。

(7) 领口深线：(2) — (7) 根据款式定，此款式取7.5 cm。

(8) 搭门宽：(1) — (8) 设为2 cm。

(9) 领口宽线：(1) — (9) 为0.9B/10。

(10) 前肩宽：(1) — (10) 为S/2+0.7 cm。

(11) 前胸宽：(1) — (11) 为B/6+1.5 cm。

(12) 前胸围大：(1) — (12) 为B/3−1.8 cm（前后差）+1.3 cm（省量）。

(13) 摆缝翘高线：(5) — (13) 4.2 cm。

(14) 翻驳点：根据款式定，此款在止口线上由前腰节线提高2 cm。

(15) 基点：在上平线上由肩端点向领圈移0.8倍立领高（立领高为3 cm）。

(16) 驳口线：连 (14) — (15)，并延长为驳口线。

(17) 领口斜线：在领口宽线上取1/2点并与搭门线与领口深线的交点连接并延长，在斜线上取1 cm点并与颈侧点连接。

(18) 驳头宽：作驳口线的垂线与领口斜线相交，宽为8 cm。

(19) 驳头止口弧线：连接驳头宽点与翻驳点，中间外移0.5 cm并画顺。

(20) 袖窿弧线：制图方法如图10-2所示，肩斜线抬高0.7 cm为垫肩的厚度。

(21) 摆缝线：连接前胸围大点、腰节抬高线处偏移点、下摆偏移点，顺势画顺。

(22) 底边弧线：画顺下摆偏移点与下平线。

(23) 扣眼位：在搭门线上第一扣眼与翻驳点平齐，第二扣眼距腰节线下，公式为前腰节长/5。

(24) 腰省：省中线距搭门B/10+1 cm，省大1.5 cm，上省尖距胸围线4 cm，下省尖按袋口低落1 cm。

(25) 袋位：前端平齐末眼位，袋位线与底边线平行，前袋口点由腰省位长2 cm，袋口大B/10+4 cm，袋盖宽4.5 cm。

小知识

一般情况是，前领口宽大于后领口宽，前领口宽大于后领口宽的原因在于前中心线上设有胸劈量。

由于前中线处的胸劈量的原因（胸劈量为1.5 cm），前肩宽公式改为S/2+0.7 cm。

想一想

前胸围大和后胸围大的差值是多少，为何要设这个差值呢？

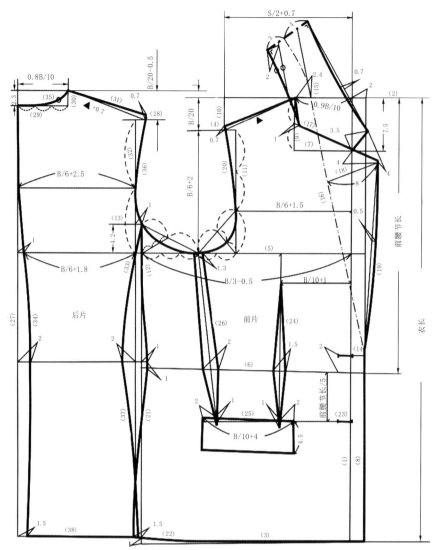

图10-2

(26) 胁省：上端取袖窿宽的2/5点，省大1.3 cm腰节处省大2 cm，下端省尖位由袋口后端进2 cm，低于袋口1 cm。

2) 后衣片结构制图（见图10-2）

胸围线、底边线按前衣片延长，上平线按前片提高1 cm（由体型定），腰节线按前片提高1 cm，前后摆缝基础线相距1 cm。

(1) 背缝基础直线：与上平线垂直。

(2) 落肩线：由上平线量下B/20−0.5 cm。

(3) 领口深线：定数2.3 cm。

(4) 领口宽线：(27) — (30) 为0.8B/10。

(5) 肩斜线：前肩斜线长+0.7 cm。

(6) 后背宽：(27) — (32) 为B/6+2.5 cm。

(7) 后胸围大：在后胸围线上，偏进1 cm起量，B/6+1.8 cm。

(8) 背中弧线：连接胸围线上偏进点、腰节线处偏进2 cm点、底边偏进1.5 cm点，并画顺。

(9) 领口弧线：弧线画顺。

(10) 袖窿弧线：连接肩端点、背高点、摆缝翘高线上1 cm偏出点，画顺弧线。肩斜线抬高0.7 cm为垫肩的厚度。

(11) 摆缝线：连接摆缝翘高线上1 cm偏出点、后胸围大点、腰节线上2 cm偏进点、底边线上0.5 cm偏出点、弧线画顺。

(12) 底边弧线：由下平线提高1.5 cm，与背缝线和摆缝线相连。

3）领片结构制图（见图10-3）

制图要点：作驳口线的平行线，距离3 cm（约为立领高）从肩斜线开始取线段，长为后领圈大，以肩斜线一端为不动点，另一端点旋转2 cm的距离（2 cm为翻领松度，等于翻领的1/2），如图10-3所示。

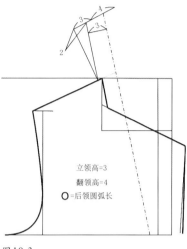

立领高=3
翻领高=4
○=后领圆弧长

图10-3

4）袖片结构制图（见图10-4）

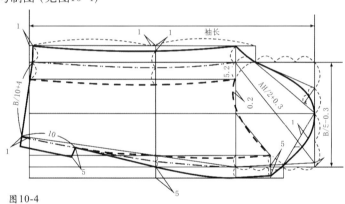

图10-4

(1) 前袖缝基础线。

(2) 上平线：垂直于前袖缝基础线。

(3) 袖长线：按袖长规格。

(4) 袖肥大：(1) — (4) 按B/5–0.3 cm。

(5) 袖斜线：按AH/2+0.3 cm。

(6) 袖山深线：(2) — (6) 以袖斜线与前袖缝基础线的交点作上平线的平行线。

(7) 袖肘线：按袖山深的3/4点至袖长线的一半上抬1 cm作平行线。

(8) 后袖侧斜线：连接上平线上1 cm偏进点与袖山深线和袖肥大线的交点。

(9) 袖中线：取袖肥大的中点，作上平线的垂线。

(10) 前偏袖直线：在前袖缝基础线两侧，取2.5 cm为前偏袖宽。

(11) 后偏袖直线：在袖肥大线两侧，取2 cm为后偏袖宽。

(12) 前袖侧弧线：连接前袖缝基础线上1 cm偏进点、袖山深点、与袖长线的交点，弧线画顺。

(13) 袖山弧线：方法如图10-4所示。

（14）大袖片前偏袖弧线：与前袖侧弧线平行，间距2.5 cm。

（15）袖口大：在袖长线上，从前袖缝基础线量出B/10+4 cm。

（16）后袖侧弧线：作袖口大点和袖肥大线与袖山深线的交点的斜直线，袖肘线与斜直线和袖肥大线相交，取两交点的中点。选后袖侧斜线与袖山深2/5交点，袖长线与袖口大的交点，作经过以上3点的弧线。

（17）袖口斜线：在袖长线上，通过袖口大中点作后袖侧弧线的垂线至前偏袖弧线。

（18）袖衩：长10 cm，宽2 cm。

（19）大袖片后偏袖弧线：方法如图10-4所示。

（20）袖底弧线：方法如图10-4所示。

（21）小袖片前偏袖弧线：与前袖侧弧线平行，间距2.5 cm。

（22）小袖片后偏袖线：画顺弧线。

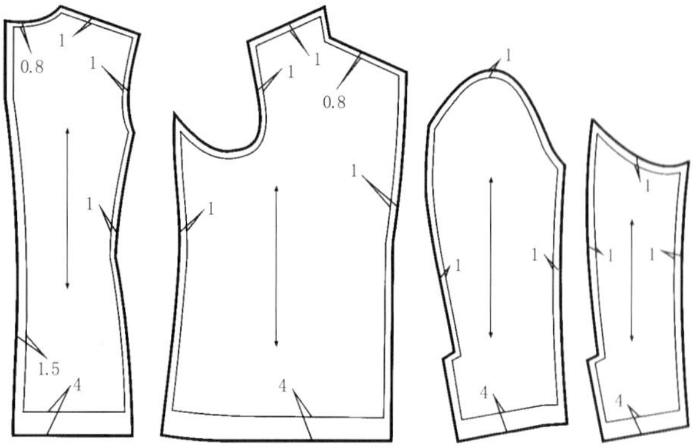

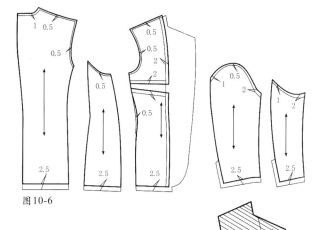

图10-5

图10-6

5.放缝图

1）面料的放缝图（见图10-5）。

图中细线为净缝，粗线为毛缝。

2）夹里的放缝图（见图10-6）

图中细线为面料毛缝，粗线为夹里毛缝。

3）黏合衬的裁配图（见图10-7）

图中阴影部分为黏合衬，是在前衣片的毛样上进行裁配。

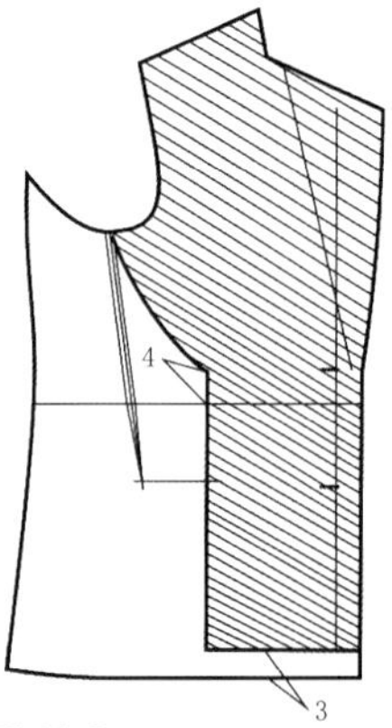

图10-7

6.排料图（见图10-8）

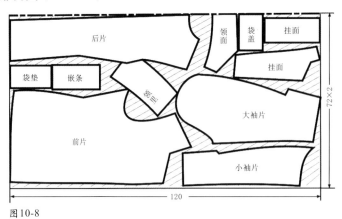

图10-8

想一想

如何进行女西服的算料？请说出排料顺序。

试一试

按1：1和1：5的比例,绘制女西服的结构图。

小知识

二片式袖为何要有前偏量或后偏量?

其目的是不使袖缝过分醒目。一般前偏量控制在3 cm,后偏量控制在1.5～3 cm。根据传统习惯,男装袖一般有较小的后偏量,并且在上部,而女装袖大多有后偏量。

二、男西服

1.款式特征及外形

（1）款式特征：平驳领,左驳头插花眼一个,单排两粒扣,收胸腰省和腋下省,左前片胸袋一个,前片做有盖双嵌线开袋,下摆园角,后片开背缝,圆装袖,袖口做袖衩,钉三粒纽扣,如图10-9所示。

（2）适用面料：全毛、毛涤或涤粘呢绒类等。

2.测量方法及要点

（1）衣长：由背部第七颈椎点量至款式所需长度,衣长适中。

（2）胸围：因适体要求高,加放松量16～20 cm。

（3）袖长：由肩骨外端顺手臂下量至腕骨以下3～5 cm,或虎口上2 cm左右。

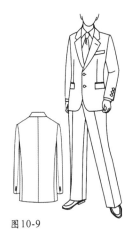

图10-9

3.男西服制图规格 （见表10-2）

表10-2   单位：cm

号/型	部位	衣长	胸围	肩宽	前腰节长	袖长	AH
170/88A	规格	72	106	44.6	42	58	53

4.制图步骤

1) 前衣片结构制图 （见图10-10）

（1）前中线。

（2）上平线。

（3）下平线：(2) — (3) 为衣长72 cm。

（4）落肩线：(2) — (4) 为B/20。

（5）胸围线：(4) — (5) 为B/6+2 cm。

（6）腰节线：(2) — (6) 为前腰节长39 cm。

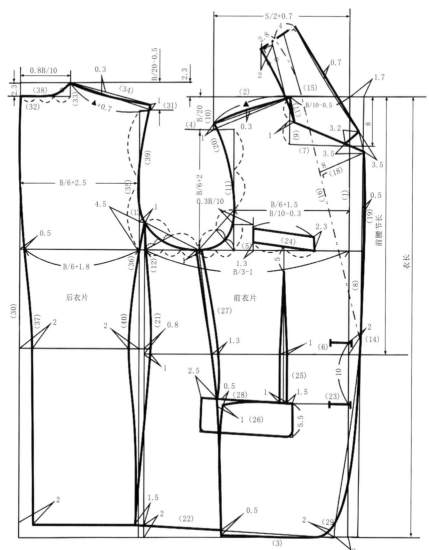

图10-10

（7）领口深线：（2）—（7）根据款式定，此款式取8 cm。

（8）搭门宽：（1）—（8）1.7 cm。

（9）领口宽线：（1）—（9）为B/10-0.5 cm。

（10）前肩宽：（1）—（10）为S/2+0.7 cm。

（11）前胸宽：（1）—（11）为B/6+1.5 cm。

（12）前胸围大：（1）—（12）为B/3-2 cm（前后差）+1 cm（省量）。

（13）摆缝翘高线：（5）—（13）定数4.5 cm。

（14）翻驳点：（6）—（14）根据款式定，此款在止口线上由前腰节线提高2 cm。

（15）基点：（9）—（15）在上平线上由肩端点向领圈移0.8倍立领高（立领高为2.8 cm）。

（16）驳口线：连翻驳点至基点，并延长为驳口线。

（17）领口斜线：在领口宽线上取1/2点并与搭门线与领口深线的交点连接并延长，在斜线上取1 cm点并与颈侧点连接。

(18) 驳头宽：作驳口线的垂线与领口斜线相交，宽为8 cm。

(19) 驳头止口弧线：连接驳头宽点与翻驳点，中间外移0.5 cm并画顺。

(20) 袖窿弧线：制图方法如图10-10所示。肩斜线抬高1 cm为垫肩的厚度。

(21) 摆缝线：连接前胸围大点、腰节处偏移点、下摆偏移点，顺势画顺。

(22) 底边上翘线：摆缝处起翘2 cm点与前中线进2 cm点相连接。

(23) 扣眼位：(14) — (23) 在搭门线上第一扣眼与翻驳点平齐，第二扣眼距第一扣眼10 cm（末眼距底边可按3/10衣长+1.5 cm计算）。

(24) 手巾袋：在胸围线以上，距胸宽线0.3B/10，袋口大B/10−0.3，宽2.3 cm，后端起翘1.3 cm。

(25) 腰省：省中线过手巾袋中点，与前中线平行，上省尖离胸围线下5 cm，腰节处和大袋口处的省大为1 cm。

(26) 袋位：前端平齐末眼位，袋位线与底边线平行，前袋口点距腰省位长1.5 cm，袋口大B／10+4.5 cm，袋盖宽5.5 cm。

(27) 胁省：上端取袖窿宽的2/5点，省大1 cm，腰节处省大1.3 cm，下端省尖位由袋口后端进2.5 cm，过省下端作前中线的平行线。

(28) 肚省：胁省尖进1 cm，袋位线低落0.5 cm取点，用弧线画顺。

(29) 画圆角及下摆：在底边线上进3.7 cm取点，连接腰节线与止口线的交点，衣角进2 cm取点，胁省分割线在底边线下落0.5 cm取点，照图10-10所示连接圆顺。

2) 后衣片结构制图 (见图10-10)

胸围线，底边线按前衣片延长，上平线按前片提高2.3 cm（由体型定），腰节线按前片提高0.8 cm，前后摆缝基础线相距1 cm。

(1) 背缝基础直线。

(2) 落肩线：由上平线量下B/20−0.5 cm。

(3) 领口深线：定数2.3 cm。

(4) 领口宽线：(30) — (33) 为0.8B/10。

(5) 肩斜线：前肩斜线长+0.7 cm。

(6) 后背宽：30～35为B/6+2.5 cm。

(7) 后胸围大：在后胸围线上，偏进0.5 cm起量，B/6+1.8 cm。

(8) 背中弧线：连接胸围线上偏进点、腰节线处偏进2 cm点、底边偏进2 cm点，并画顺。

(9) 领口弧线：弧线画顺。

(10) 袖窿弧线：肩斜线抬高1 cm为垫肩的厚度，连接肩端点，背高点，摆缝翘高线上1 cm偏出点，画顺弧线。

(11) 摆缝线：连接摆缝翘高线上1 cm偏出点、后腰围大点、腰节抬高线上2 cm偏进点、底边线上1 cm偏进点，弧线画顺。

(12) 底边弧线：由下平线提高2 cm，与背缝线和摆缝线相连。

3) 领片结构制图 (见图10-10)

制图要点：作驳口线的平行线，距离2.8 cm（约为立领高）从肩斜线开始取线段，长为后领圈大以肩斜线一端为不动点,另一端点旋转2 cm的距离(2 cm 为翻领松度,等于翻领的1/2)。

4)袖片结构制图(见图10-11)

(1)前袖缝基础线。

(2)上平线:垂直于前袖缝基础线。

(3)袖长线:按袖长规格。

(4)袖肥大:按B/5-0.3 cm。

(5)袖斜线:按AH/2+0.3 cm。

(6)袖山深线:以袖斜线与前袖缝基础线的交点作上平线的平行线。

(7)袖肘线:按袖山深的3/4点至袖长线的一半并上抬1 cm作平行线。

(8)后袖侧斜线:连接上平线上1 cm偏进点与袖山深线和袖肥大线的交点。

(9)袖中线:取袖肥大的中点,作上平线的垂线。

(10)前偏袖直线:在前袖缝基础线两侧,取3 cm为前偏袖宽。

(11)前袖侧弧线:连接前袖缝基础线的1 cm偏进点、袖山深上的点、与袖长线的交点,弧线画顺。

(12)袖山弧线:方法如图10-11所示。

(13)大袖片前偏袖弧线:与前袖侧弧线平行,间距3 cm。

(14)袖口大:在袖长线上,从前袖缝基础线量出B/10+4 cm。

(15)大袖片后偏袖弧线:作袖口大点和袖肥大线与袖山深线的交点的斜直线,袖肘线与斜直线和袖肥大线相交,取两交点的中点,选后袖侧斜线与袖山深1/3交点,袖长线与袖口大的交点,作经过以上3点的弧线。

(16)袖口斜线:在袖长线上,通过袖口大中点作后袖侧弧线的垂线至前袖侧弧线,将前袖侧直线与袖口线的交点上抬1 cm,按如图10-11所示连顺。

(17)袖衩:长10 cm,宽2 cm。

(18)袖底弧线:如图10-11所示。

(19)小袖片前偏袖线:与前袖侧弧线平行,间距3 cm。

(20)小袖片后偏袖线:将后袖山内偏1 cm,与大袖片后偏袖弧线连接圆顺。

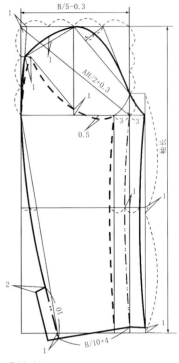

图10-11

5.放缝图

1)面料的放缝图(见图10-12)

图中细线表示面料的净缝,粗线表示面料的毛缝。

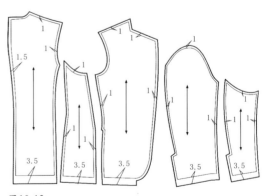

图10-12

2）夹里的放缝图（见图10-13）

图中细线表示面料的毛缝，粗线表示夹里的毛缝。

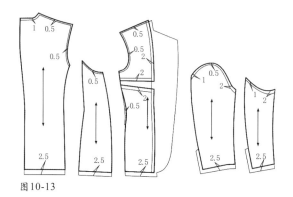

图10-13

6. 排料图 （见图10-14）

算料公式见前面内容。

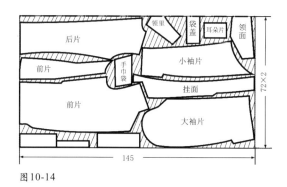

图10-14

按1:1和1:5的比例，绘制男西
服的结构图。

三、西服款式变化

1.圆角双贴袋女西服

1）款式特征及概述

（1）款式特征：平驳头，领角和驳角为圆角，单排扣，钉
3粒纽，领口处收省，收腰节省和腋下省，开背缝，前片两个贴
袋，圆摆角，圆装袖，袖口开衩，钉装饰纽，如图10-15所示。

（2）适用面料：全毛、毛涤或涤粘呢绒类等。

2）测量方法及要点

同女西服。

3）制图规格

同女西服。

4）前衣片结构制图（见图10-16）

图10-15

2. 双排扣戗驳领男西服

1) 款式特征及概述

(1) 款式特征：戗驳头，双排6粒纽，左胸手巾袋一只，两只双嵌线有袋盖开袋，收腰节省和腋下省，开背缝，方摆角，圆装袖，袖口开衩，钉装饰纽，如图10-17所示。

(2) 适用面料：全毛、毛涤或涤粘呢绒类等。

2) 测量方法及要点

同男西服。

3) 制图规格

同男西服。

4) 前衣片结构制图（见图10-18）

3. 贴袋圆摆男西服

1) 款式特点及概述

(1) 平驳头，单排扣，钉2粒纽，收腰节省和腋下省，开背缝，前片3个贴袋，圆摆角，圆装袖，袖口开衩，钉装饰纽，如图10-19所示。

(2) 适用面料：全毛、毛涤或涤粘呢绒类等。

2) 测量方法及要点

同男西服。

3) 制图规格

同男西服。

4) 前衣片结构制图（见图10-20）

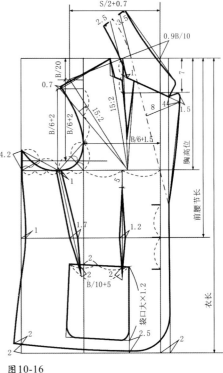

图10-16

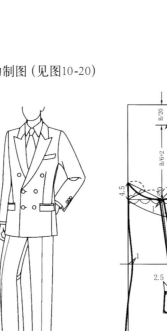

图10-17

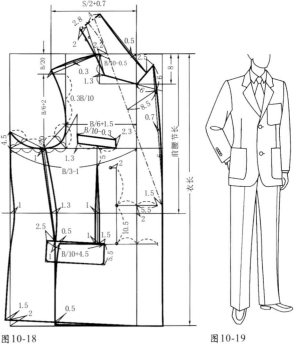

图10-18

图10-19

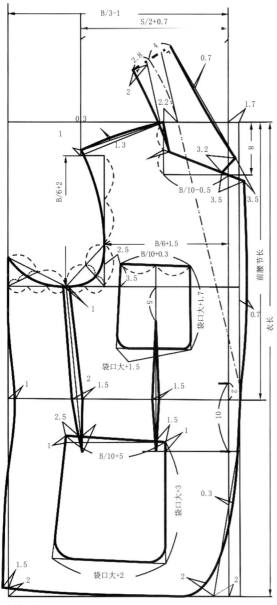

图10-20

练一练

（1）按1:5的比例绘制男女西服款式变化的结构图。

（2）根据自定的规格,裁剪男女西服各一件。

学习评价

学习要点	我的评分	小组评分	老师评分
掌握男女西服结构制图的基本原理、方法及步骤 (60分)			
掌握上衣典型款式结构制图的基本知识 (20分)			
基本把握西服的变化规律 (20分)			
总　　分			

学习任务十一
大衣、风衣结构制图

[学习目标] 学会女大衣、男大衣、风衣的基本结构制图,掌握款式变化的基本原理及方法。

[学习重点] 掌握关键部位的制图方法和制图公式,并通过市场考察结合流行款式的结构制图分析及演练来加深理解。

[学习课时] 6课时。

一、大衣

(一) 女大衣

1. 女大衣简介

女大衣的款式变化繁多,一般随流行趋势而不断变换式样,无固定格局,如有的采用多块衣片组合成衣身,有的下摆呈波浪形,有的还配以腰带等附件。总之,上衣中的各类款式均可用于大衣,它与上衣的区别主要在于它的长度。长大衣位置在膝下;中长大衣位置在膝上10 cm左右;短大衣位置则在齐中指左右。

2. 制图依据

1) 款式图与外形概述

款式特征:领型为方形翻驳领。前中开襟,单排扣,钉组5粒,前片腰节线下左右各设一圆角袋盖的圆底贴袋,前片腰节处左右各设一腰拌,后中设背缝,袖型为两片式圆装袖,如图11-1所示。

2) 测量要点

胸围放松量:冬季穿着,放松量一般为18~25 cm(内可穿两件羊毛衫),具体可根据穿着层次加放松量。

3) 制图规格(见表11-1)

图11-1

表11-1　　　　　　　　　　单位:cm

号/型	部位	衣长	胸围	领围	肩宽	袖长	前腰节长	胸高位
160/84A	规格	102	106	40	42	58	40	25

3. 结构制图

(1) 女大衣前后衣片框架制图（见图11-2）。

(2) 女大衣前后衣片结构制图（见图11-3）。

(3) 女大衣袖片框架制图（见图11-4）。

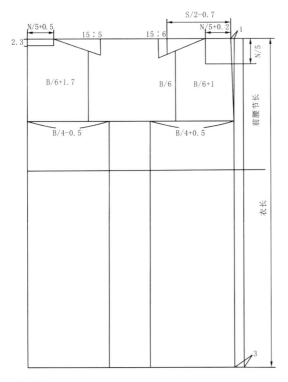

图11-2

图11-3

(4) 女大衣袖片结构制图（见图11-5）。

(5) 女大衣领片框架制图（见图11-6）。

(6) 女大衣领片结构制图（见图11-7）。

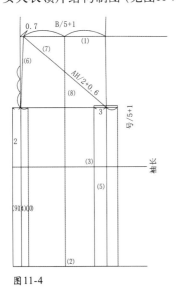

图11-4

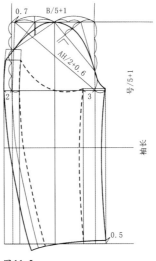

图11-5

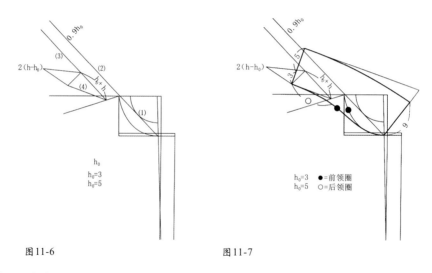

图11-6   图11-7

4. 制图要领与说明

方角形领圈中,将竖直方向的领圈线处理为弧形的理由:

在后领圈基本稳定的前提下,将前领圈竖直方向的领圈线处理成略带弧形的形状,以使前后领圈能圆顺地相接。

●●● **知识链接**

大衣一般可按长度、材料、用途等分类。

（1）按衣身长度分：有长、中、短3种。长度至膝盖以下,约占人体总高度5/8+7 cm为长大衣;长度至膝盖或膝盖略上,约占人体总高度1/2+10 cm为中长大衣;长度至臀围或臀围略下, 约占人体总高度1/2为短大衣。

（2）按材料分:有用厚型呢料裁制的呢大衣;用动物毛皮裁制的裘皮大衣;用棉布做面、里料, 中间絮棉的棉大衣;用皮革裁制的皮革大衣;用贡呢、马裤呢、巧克丁、华达呢等面料裁制的春秋大衣（又称夹大衣）;在两层衣料中间絮以羽绒的羽绒大衣等。

（3）按用途分:有礼仪活动穿着的礼服大衣;以御风寒的连帽风雪大衣;两面均可穿用,兼具御寒、防雨作用的两用大衣。

制图中, 前后肩端点为何要在原来基础上抬高1 cm?

按1:5比例制女大衣结构图,款式改为开公主线。

●●● **小知识**

大衣是冬季最实用的衣服, 大衣给人以十足的女人印象, 无论是可爱路线的女孩, 还是淑女风范, 有大衣相伴的女子冬季注定多姿。大衣中的经典色无疑是黑色与白色, 黑色显得神秘而性感, 白色显得高贵典雅。单排扣、双排扣大衣都是经典之作。一款显档次且实用的大衣为你装点亮丽冬日, 也是不少职业女性的首选。轻盈修身, 易搭保暖是众人追捧的主因。

（二）男大衣

1.男大衣简介

男大衣的外形以箱型为主,造型平整、简洁,体现男性的阳刚美。根据穿着季节的需要,面料可厚可稍薄。

2.制图依据

1）款式图与外形概述

（1）款式特征:领型为方形翻驳领、前中开襟、双排扣、钉纽12粒,前后腰节线下左右各设一装袋盖的双嵌线开袋,设背缝。袖型为两片式圆装袖,袖口开衩钉纽3粒,装肩袢。领口、门襟、袋盖、后袖缝、背缝均缉明线,如图11-8所示。

图11-8

（2）适用面料:大衣呢等呢类以及厚型呢绒类等。

2）测量要点

肩宽放松量:一般为1~2 cm。

3）制图规格（见表11-2）

表11-2　　　　　　　　　　单位:cm

号/型	部位	衣长	胸围	领围	肩宽	袖长	前腰节长
170/88A	规格	90	113	44	46	62	43

3.结构制图

（1）男大衣前后衣片框架制图（见图11-9）。

（2）男大衣前后衣片结构制图（见图11-10）。

（3）男大衣袖片框架制图（见图11-11）。

（4）男大衣袖片结构制图（见图11-12）。

（5）男大衣领片框架制图（见图11-13）。

（6）男大衣领片结构制图（见图11-14）。

4.制图要领与说明

袖山弧线大于袖窿弧线的量被称为"吃势"。所谓"吃势",是指某一部位需通过工艺方法使其收缩的量。袖山吃势产生的主要原因在于:

（1）解决里外匀（以缝份倒向衣袖为前提）。因为在衣袖与衣片装配时,衣片在里圈,衣袖在外圈,外圈与里圈有一定的里外匀,随着面料的增厚,里外匀的量也随之增大,里外匀作为整个吃势的一部分存在。

（2）满足手臂顶部的表面形状。由于手臂顶部的表面带有一点球冠状,需要通过工艺收缩来满足手臂顶部表面形状的需要。而工艺收缩是通过袖山弧线由平面转化成立体圆弧形（以缝份倒向衣袖为前提）来完成的。如果袖山弧线的边沿不处理成一定的圆弧形,就容易被缝份向外顶撑,以至于影响袖山的外观效果。这是袖山吃势的又一部分。

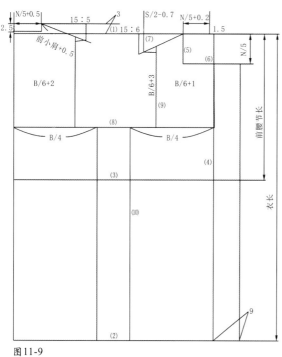

图11-9

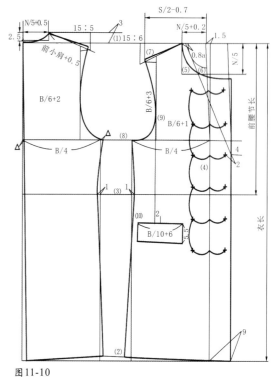

图11-10

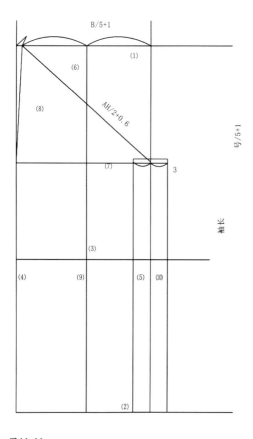

图11-11

图11-12

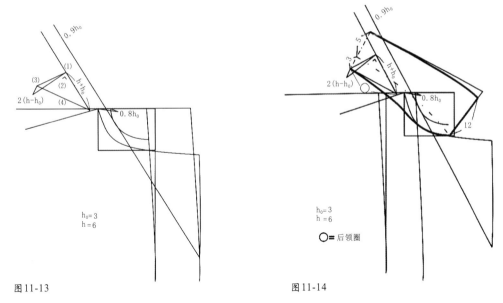

图11-13   图11-14

（3）保持面料经、纬丝缕垂直。通过工艺收缩使衣袖的经、纬丝缕保持垂直,从而使袖的造型美观。

通过对袖山吃势产生原因的分析,可以推论出袖山吃势的大小与袖山弧线的总长、袖斜线倾角、面料的质地性能、装配形式有关。

知识链接

男士服饰搭配原则:

（1）遵循张弛有度的原则,在搭配长裤时,要选择裁剪贴身的男装款式。

（2）大衣长度以长及膝盖为标准,无论大衣的颜色是深是浅,深色长裤仍然是最保险的选择。

（3）男士针织衫的款式应以简单为主,如果是穿在衬衫或套衫之外,还应注意颜色与图案的呼应。

（4）除了款式之外,还要注重针织衫的品质,手感柔软和质地温暖都是不可或缺的条件。

有意思的是,无论是休闲品牌还是牛仔品牌,在它们的最新款中,都能找到大裤管的设计,比如腰线下降、裤管放宽、口袋变大,甚至长短不对称的手工车缝线效果,都体现出不俗的品位。

（5）当男士穿着大裤管长裤时,一定要注意上身的搭配,多层次的混搭造型会令整体效果更出众。

（6）高腰的大裤管长裤能打造职业形象,相对应的是,低腰款则能体现出休闲效果。

（7）在寒冷的冬天,一条舒适的围巾便能轻松满足保暖和造型的双重需要。

（8）在颜色的选择上,纯色的大围巾非常讨巧,不仅方便搭配任何款式的服装,更会让人显得稳重。

（9）比起机织的围巾,手织的棒针围巾更显温暖舒适。

加垫肩的服装，所用垫肩的厚度与肩端点抬高的高度有何关系？

（1）设计一款男大衣并制作结构图。

（2）说说袖山弧线为什么要有吃势。

搭配大衣的关键：

（1）认清大衣的风格，正确地选择衬衣、毛衣等配饰。

（2）选择适合自己的款式，相对于长大衣，短小的短大衣更容易驾驭，更适合亚洲人的体型特点，绝少有"衣服穿人"的状况出现。一款裁剪精良，短小精悍的短大衣，让你在寒冷的冬季，摆脱臃肿不堪，拥有温暖与魅力。

二、风衣

1. 风衣简介

风衣最初就是防风防水的一种功能性服装。如今已呈现出许多新的风貌，更加强调风衣的功能性和舒适性。风衣通常有两排纽扣和一条腰带。在正式场合一般不宜穿风衣。尽管现在的风衣款式繁多，变化万千，但其设计基础仍是大衣的款式。

2.制图依据

1) 款式图与外形概述

（1）款式特征：领型为青果式翻驳领，前中开襟、双排扣、钉纽6粒，前片直插袋左右各一，袋口设在分割线中。前后衣片设直形分割线，收腰，波浪下摆，后腰节设装饰腰袋，插肩袖，如图11-15所示。

（2）适用面料：锦粘、棉锦等。

2) 测量要点

胸围的放松量：按穿着层次加放松量。

3) 制图规格（见表11-3）

图11-15

表11-3 单位：cm

号/型	部位	衣长	胸围	领围	肩宽	袖长	前腰节长	胸高位
160/84A	规格	100	106	40	42	58	41	25

3. 结构制图

1) 风衣前后衣片结构制图（见图11-16）

2) 风衣袖片（插肩袖）结构制图

插肩袖的制图方法是在前后衣片袖窿部位基础上出图。

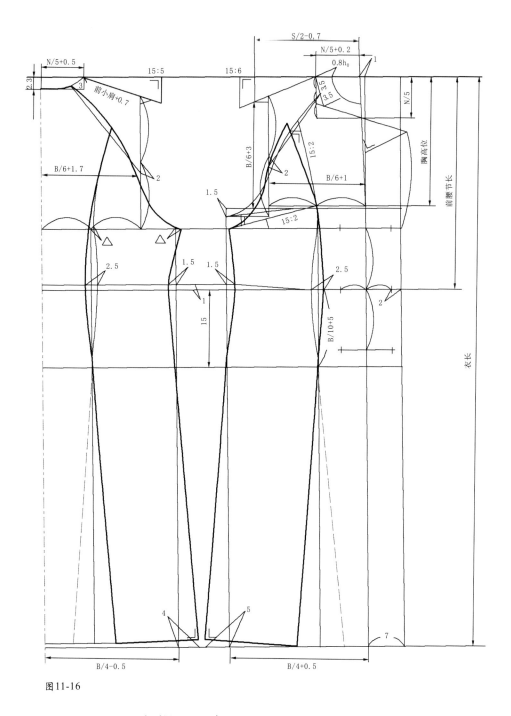

图11-16

(1) 前袖片结构制图顺序 (见图11-17)

①肩斜线：袖肩点抬高1 cm定点与领肩点连接作肩斜线。

②袖斜线：肩斜线上，袖肩点处外移1 cm定点与P点连接作袖斜线。

③袖中线：肩斜线的延长线上以S点为起点取15∶10作袖中线，以袖长规格定点，画顺弧线。

④袖窿弧线：取AB+B′,C=AQ,Q点定位在袖斜线上。

⑤袖山高线：通过Q点与袖中直线垂直作袖山高线。

⑥袖口线：在D点作袖中直线的垂线，垂线上取B/10+5 cm。

⑦袖底线：连接QE作袖底线。

⑧袖口弧线：取1/2袖口大定点作袖底线垂线，画顺弧线。

（2）后袖片结构制图顺序（见图11-18）

①肩斜线：袖肩点抬高1 cm定点与领肩点连接作肩斜线。

②袖中线：肩斜线的延长线上袖肩点处外移1 cm以T点为起点取15∶8袖中线，以袖长规格定点，画顺弧线。

③袖山高线：袖中直线上，取前袖山高（☆）以T点为起点定点作袖中直线的垂线。

④袖窿弧线：取JF=JK在袖山高线上定点。

⑤袖口线：在M点作袖中直线的垂线，垂线上取B/10+6 cm作袖。

⑥袖底线：连接FN作袖底线，使FN=QE。

⑦袖口弧线：后袖底线与前袖底线等长定点作垂线，画顺弧线。

3）风衣领片（青果领）结构制图（见图11-19）

4. 制图要领与说明

1）插肩袖的袖山弧线与袖窿弧线的长度处理

插肩袖的袖山弧线在一般情况下等于或略大于袖窿弧线，其原因是衣袖的组装部位不在肩端。

2）前后袖长的长度处理

前衣袖长与后衣袖长在一般情况下可等长，但有时在面料条件允许的情况下，也可处理成后衣袖长略长（约0.5 cm），主要是使两袖缝拼接后，后衣袖长略有吃势，可使成型后的袖中线不后偏，应注意后袖底线的同步加长。

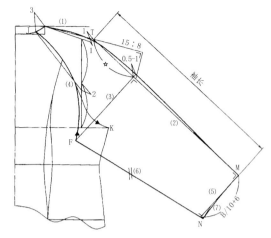

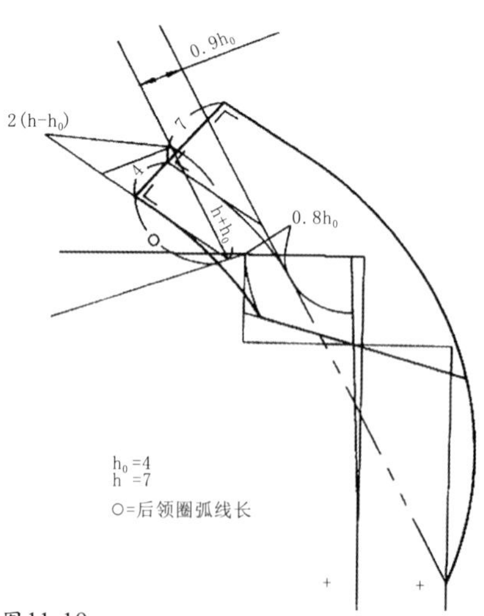

图11-17

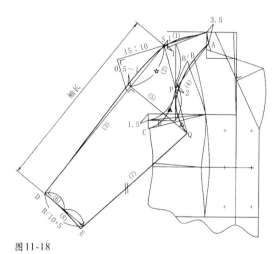

图11-18

图11-19

优雅风度——长风衣搭配中裤或中裙长裙

齐膝的风衣永远是优雅的代名词，与之搭配的及膝裙或五分裤更是风情万种，敞开风衣，即刻营造出立体感十足的搭配效果。

清新甜美——长风衣搭配长裙

一件经典款式的风衣，内里配搭田园气息十足的宽松长裙和平底鞋，穿出风衣的甜美新风貌。

成熟性感——长风衣直接穿着

将中长风衣穿出性感味道的秘诀就是把它当作连衣裙直接穿着，可以选择一款别致的腰带系于腰间，优雅的女性线条在行走间隐约显露，让人浮想联翩。

迷离中性——长风衣搭配长裤

衬衫风格线条的薄风衣和宽松的长裤营造出中性味道，系在风衣外面的腰带是时髦的关键，为整身装扮增加了层次。

帅气干练——短风衣搭配短裤

拥有修长双腿的你，一定要尝试短款的A字形小风衣与短裤的搭配。它们会在视觉上缩短你上半身的比例，令你帅气脱俗。

想一想

什么情况下不可穿风衣?

试一试

按1∶1比例绘制风衣的结构图。

小知识

一件好的风衣，一定是防水的。如何使面料既柔软又防水，各家自有秘招。但有一点是可以肯定的，在购买风衣时，你尽可以要求营业员把水倒到风衣上，测试其防水程度。如果水在风衣上滚动，就像水珠落在荷叶上那样，那么，你大可以在下小雨的时候，只带一件风衣出门。

学习评价

学习要点	我的评分	小组评分	老师评分
会女大衣、男大衣、风衣的基本结构制图 (60分)			
掌握款式变化的基本原理及方法 (20分)			
会通过市场考察结合流行款式进行结构制图分析 (20分)			
总　分			

参考文献

[1] 徐雅琴. 服装结构制图[M]. 4版. 北京: 高等教育出版社, 2005.

[2] 蒋锡根. 服装结构设计——服装母线裁剪法[M]. 上海: 上海科学技术出版社, 1994.

[3] 蒋金锐. 领样、袖样、袋样设计与制作[M]. 北京: 金盾出版社, 1993.

[4] 魏静. 服装结构设计[M]. 北京: 高等教育出版社, 2002.

[5] 赵学舜. 服装结构制图[M]. 北京: 高等教育出版社, 1987.

[6] 王家馨, 张静. 服装制板实习[M]. 北京: 高等教育出版社, 2007.

[7] 潘凝. 服装制板与放码[M]. 北京: 高等教育出版社, 1999.